计 算 机 系 列 教 材

C语言程序设计基础实验与综合练习

主编 郑军红

图书在版编目(CIP)数据

C语言程序设计基础实验与综合练习/郑军红主编．—武汉：武汉大学出版社，2011．1(2024.8重印)
计算机系列教材
ISBN 978-7-307-08500-8

Ⅰ.C…　Ⅱ.郑…　Ⅲ.C语言—程序设计—高等学校—教学参考资料
Ⅳ.TP312

中国版本图书馆CIP数据核字(2011)第009313号

责任编辑：林　莉　　责任校对：黄添生　　版式设计：支　笛

出版发行：**武汉大学出版社**　(430072　武昌　珞珈山)
(电子邮箱：cbs22@ whu.edu.cn 网址：www.wdp.com.cn)
印刷：武汉邮科印务有限公司
开本：787×1092　1/16　印张：18.75　字数：472千字
版次：2011年1月第1版　2024年8月第3次印刷
ISBN 978-7-307-08500-8/TP·387　定价：39.00元

前 言

C 语言是当今软件开发领域里广泛使用的计算机语言之一，它简单易学，使用时方便灵活，所以学习和使用 C 语言的人越来越多，国内高等院校理工科专业大都开设了这门课程；同时，C 语言也是全国计算机二级考试的指定考试科目之一。学好 C 语言对进一步学习其他计算机语言具有积极的意义。

C 语言程序设计是一门实践性很强的课程，它包含理论学习、编程方法和程序调试三方面的内容。要学好 C 语言，必须从这三个方面着手，因此上机实验进行程序调试也显得很重要，只有加强实践环节练习，才能更好地学好 C 语言程序设计这门课程。

本书作为《C 语言程序设计基础》一书的配套参考教材，主要包括以下五个方面的内容：

第一部分详细介绍了 Win-TC 的使用方法及开发环境。

第二部分针对 C 语言的学习内容，由浅至深设计了多个实验，介绍程序调试和编程方法的初步知识，便于进行教学实践。

第三部分结合章节学习内容及计算机二级考试要求，设置了多套练习题，这些练习题内容丰富且具有很强的灵活性和应用性，读者可以根据自己的情况进行练习或自测。

第四部分详细介绍计算机二级考试的考试大纲和基本要求，列出了近 5 年来的计算机等级考试中二级 C 语言考试题目及参考答案。

第五部分附录详细介绍了 Visual C++集成开发环境。

本书内容具有一定的通用性，不仅可以作为配套教材的参考书，也可以作为学习 C 语言程序设计课程的参考资料及 C 语言二级考试辅导教材。

本书在编写的过程中，得到了计算机系列教材编委会的大力支持与帮助，在此表示衷心感谢！

在编写本书时，作者参考了参考文献中所列举的书籍和其他资料，在此向这些书籍的作者表示诚挚的感谢！

本书肯定有不足之处，竭诚希望得到广大读者的批评指正。

作 者

2010 年 12 月

目 录

第一部分 Win-TC程序开发环境

第二部分 上机实验

第三部分 练 习 题

第四部分　C语言二级考试

第五部分　附　　录

第一部分 Win-TC 程序开发环境

一、Win-TC 运行环境和安装

1. Win-TC 运行环境和安装

（1）运行环境

要运行 Win-TC，计算机系统必须具有如下的基本配置:

① Pentium133 或更高的 CPU。

② 32MB 以上的内存（推荐 64MB，最高 4GB）。

③ 2GB 硬盘，最少 850MB 可用空间。

④ Win98/Win2000/Win XP 操作系统。

（2）安装

在 Windows 操作系统下直接执行安装文件 WinTC1.91，根据提示完成具体安装。

2. Win-TC 启动和退出

（1）Win-TC 启动

方法一：在桌面上双击 Win-TC 图标。

方法二：在相应文件夹（子目录）中双击 Win-TC 应用程序文件。

（2）Win-TC 退出

方法一：在标题栏中直接双击 Win-TC 图标。

方法二：用鼠标右击标题栏 → 关闭。

方法三：使用快捷键“Alt+F4”。

方法四：“文件”菜单 → 退出。

方法五：单击工具按钮 ☒。

3. Win-TC 窗口的组成

进入 Win-TC 后屏幕将出现如图 1-1 所示的窗口。它由标题栏、菜单栏、工具栏、行号区、文本区、滚动条和信息输出框组成。

（1）标题栏

标题栏显示出应用程序的图表标、名称和本窗口所编辑程序文件的路径和文件名，在默认情况下，文件名为 noname.c。

（2）菜单栏

Win-TC 窗口提供了五个菜单，分别是文件、编辑、运行、超级工具集和帮助菜单。这些菜单提供了 Win-TC 大部分操作命令，如图 1-2 所示。

（3）工具栏

对 Win-TC 的各种常用操作，可以直接使用工具栏上的工具按钮来完成。

（4）行号区

在文本区的左边，Win-TC 系统自动标记行号，便于程序文件编译。

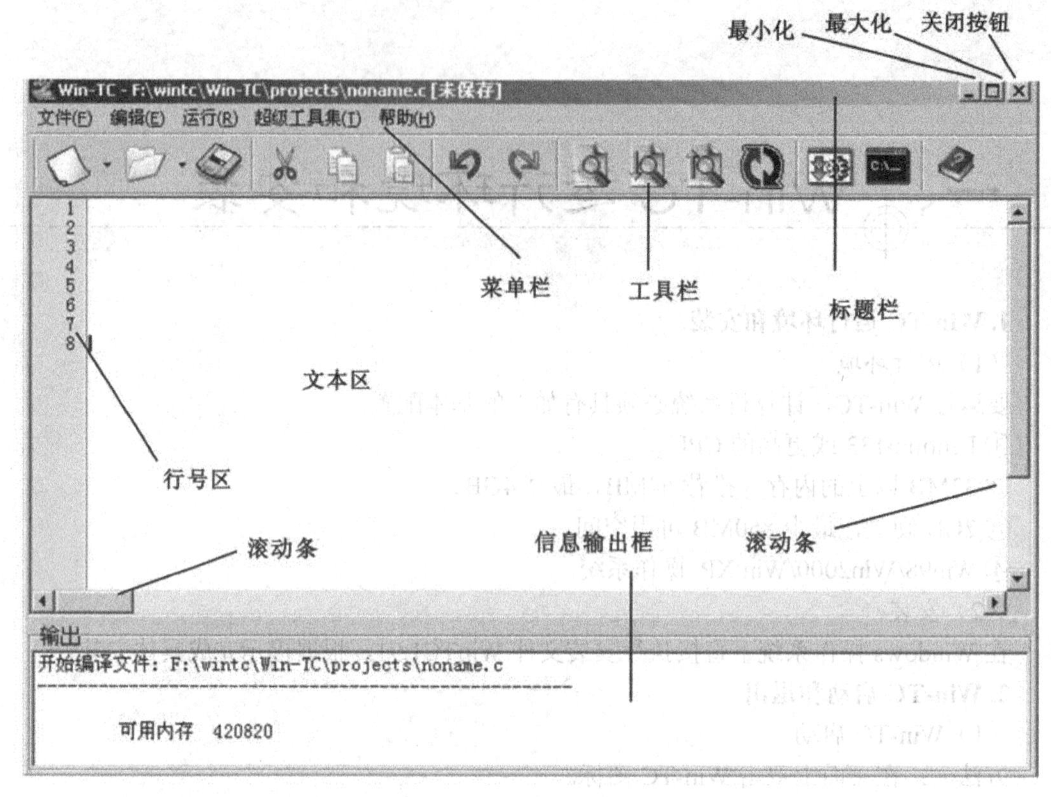

图 1-1 Win-TC 窗口组成

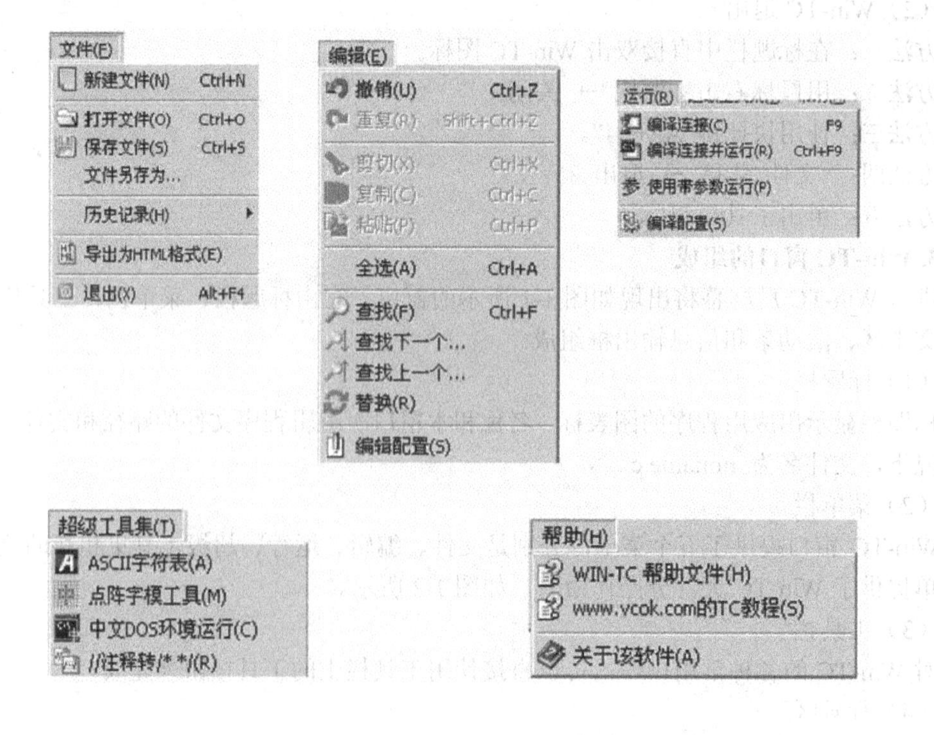

图 1-2 Win-TC 菜单

（5）文本区

又称编辑区，它占有屏幕大部分空间。在该区域对程序文件直接进行各种编辑工作。

（6）滚动条

滚动条用来滚动文本，将文本窗口之外的文本，移动到窗口可视区域中。在每个文本窗口的右边和下边各有一个滚动条。

（7）信息输出框

位于窗口的底部，显示出程序文件的相关信息。

二、在 Win-TC 中编辑文件

1. 建立新文件

方法一："文件"菜单 → 新建文件。

方法二：使用快捷键"Ctrl+N"。

方法三：单击工具栏上的 按钮。

2. 打开已经存在的文件

方法一："文件"菜单 → 打开文件 → 选择要打开的文件。

方法二：使用快捷键"Ctrl+O" → 选择要打开的文件。

方法三：单击工具栏上的 按钮。

3. 文件的保存

（1） 文件保存

方法一："文件"菜单 → 保存文件 → （输入文件名及路径）。

方法二：使用快捷键"Ctrl+S" → （输入文件名及路径）。

方法三：单击工具栏上的 按钮。

（2）文件另存为

方法："文件"菜单 → 文件另存为 → 输入文件名及路径。

4. 模板的使用

（1）使用标准文档模板

方法一："文件"菜单 → 使用模板新建 → 标准文档模板。

方法二：单击工具栏上的"新建文件"按钮的列表框 → 标准文档模板。

（2）使用 BGI 图形编程模板（用于编写图形程序）

方法一："文件"菜单 → 使用模板新建 →BGI 图形编程模板。

方法二：单击工具栏上的"新建文件"按钮的列表框 →BGI 图形编程模板。

5. 文件的复制

（1）在 Win-TC 中直接复制文件

方法一："文件"菜单 → 打开文件 →（出现对话框） → 选定要复制的文件 → 快捷菜单 → （进入目的文件夹） → 快捷菜单 → 粘贴。

方法二："文件"菜单 → 文件另存为 →（出现对话框） → 选定要复制的文件 → 快捷菜单 → （进入目的文件夹） → 快捷菜单 → 粘贴。

（2） 在 Windows 中直接复制文件

方法：在 Windows 系统中直接复制文件。（略）

6. 文件的删除

（1） 在 Win-TC 中直接删除文件

方法一："文件"菜单 → 打开文件 →（出现对话框） → 选定要删除的文件 → 快

捷菜单 → 删除。

方法二："文件"菜单 → 文件另存为 →（出现对话框）→ 选定要删除的文件 → 快捷菜单 → 删除。

（2） 在 Windows 中直接删除文件

方法：在 Windows 系统中直接删除文件。（略）

7. 文件的剪切

（1） 在 Win-TC 中直接剪切文件

方法一："文件"菜单 → 打开文件 →（出现对话框）→ 选定要剪切的文件 → 快捷菜单 → 剪切。

方法二："文件"菜单 → 文件另存为 →（出现对话框）→ 选定要剪切的文件 → 快捷菜单 → 剪切。

（2） 在 Windows 中直接剪切文件

方法：在 Windows 系统中直接剪切文件。（略）

8. 文件的重命名

（1） 在 Win-TC 中直接重命名文件

方法一："文件"菜单 → 打开文件 →（出现对话框）→ 选定要重命名的文件 → 快捷菜单 → 重命名。

方法二："文件"菜单 → 文件另存为 →（出现对话框）→ 选定要重命名的文件 → 快捷菜单 → 重命名。

（2） 在 Windows 中直接重命名文件

方法：在 Windows 系统中直接重命名文件。（略）

9. 文件的发送

（1） 在 Win-TC 中直接发送文件

方法一："文件"菜单 → 打开文件 →（出现对话框）→ 选定要发送的文件 → 快捷菜单 → 发送到…。

方法二："文件"菜单 → 文件另存为 →（出现对话框）→ 选定要发送的文件 → 快捷菜单 → 发送到…。

（2） 在 Windows 中直接发送文件

方法：在 Windows 系统中直接发送文件。（略）

10. 导出为 HTML 文件

方法："文件"菜单 → 导出为 HTML 格式 → 输入文件名及相关路径 → 保存。

三、在Win-TC中对文本进行编辑操作

1. 文本的选定

在Win-TC中对文本进行操作，必须遵循“先选定，后操作”的原则。在选定文本内容后，被选中的部分变为蓝底白字，选定了的文本能够方便地实施诸如删除、复制、查找、替换等操作。

（1）用鼠标拖曳选定文本

方法：将鼠标移到欲选定文本的首部（或尾部），按住鼠标左键拖曳到文本的尾部（或首部），放开鼠标，此时选定的块加亮表示选定完成。

（2）用组合方式选定长文本

方法一：单击欲选定的文本首（或尾），利用滚动条找到欲选定的文本末，按住“Shift”键，单击文本末（或首）。

方法二：利用光标移动键将插入点定位到欲选定的文本首部，然后按住“Shift”键，同时按下光标移动键拉开亮条，一直延伸到欲选定的文本的尾部后释放按键，选定完成。

（3）全部选定文本

方法一：利用组合键“Ctrl+A”选定。

方法二：“编辑”菜单 → 全选。

注意：若要取消选定的文本，将鼠标指针移到非选定的区域，单击鼠标或按箭头键即可。

2. 文本的复制

将选定的文本按同样要求拷贝一份到剪贴板中，复制后，选定的文本仍在原处。

方法一：选定要复制的文本 →“编辑”菜单 → 复制。

方法二：选定要复制的文本 → 快捷菜单 → 复制。

方法三：选定要复制的文本 → “Ctrl+C”。

方法四：选定要复制的文本 → 单击工具栏上的 按钮。

3. 文本的剪切

将选定的文本移动到剪贴板中，移动后，选定的文本不再在原处。

方法一：选定要剪切的文本 →“编辑”菜单 → 剪切。

方法二：选定要剪切的文本 →“快捷菜单” → 剪切。

方法三：选定要剪切的文本 → “Ctrl+X”。

方法四：选定要剪切的文本 → 单击工具栏上的 按钮。

4. 文本的删除

将选定的文本从文档（文件）中删除，删除后，选定的文本不再在原处。

方法一：选定要删除的文本 → 按“Del”键 。

方法二：选定要删除的文本 → 按“Delete”键。

注意：也可以利用剪切的方法来删除文本。

5. 文本的粘贴

将复制或剪切的文本从剪贴板上粘贴到文档中某个具体的位置，粘贴后，文本在剪贴板中仍然存在。

方法一：“编辑”菜单 → 粘贴。

方法二：“快捷菜单” → 粘贴。

方法三：“Ctrl+P”。

方法四：单击工具栏上的 按钮。

6. 文本的查找

在编辑文档（文件）时，经常要查找某些文字、字符或者定位到文档（文件）某处，这些操作可以通过“查找”命令来实现。

方法一：“编辑”菜单 → 查找 → 在对话框中输入要查找的内容 → 设定查找的类别和方向 → 查找下一个。

方法二：“Ctrl+F” → 在对话框中输入要查找的内容 → 设定查找的类别和方向 → 查找下一个。

方法三：单击工具栏上的 按钮 → 在对话框中输入要查找的内容 → 设定查找的类别和方向 → 查找下一个。

7. 文本的替换

在编辑文档（文件）时，经常要将文档（文件）中的某些文字、字符或文本替换掉，这些操作可以通过“替换”命令来实现。

方法一：“编辑”菜单 → 替换 → （在对话框中）输入要查找的内容 → （在对话框中）输入要“替换为”的内容 → 设定查找替换的类别和方向 → 替换或全部替换。

方法二：单击工具栏上的 按钮 → （在对话框中）输入要查找的内容 → （在对话框中）输入要“替换为”的内容 → 设定查找替换的类别 → 替换或全部替换。

8. 撤销和重复

在操作中，如果对先前所做的工作不满意，可利用 按钮，恢复到原来的状态。

注意：多级撤销是对过去的从某一动作开始到当前最近的动作这段时间所进行的所有动作都撤销。因为顺序的几次动作常常依赖于前面的动作，不可能撤销以前的某一个动作而不撤销历史动作表中出现在它之后的所有动作。

“重复”指恢复原状， 按钮可以还原刚才被撤销的动作。

9. 编辑配置方式

在编辑文档（文件）时，用户可以自己定义 Win-TC 的操作界面的风格。

方法：“编辑”菜单 → 编辑配制 → （出现的对话框如图 1-3 所示） → 在对话框中完成相应的设置。

在对话框中有四个标签：“编辑主设置”、“颜色和字体设置”、“输入风格设置”、“新建模板维护”。

（1）“编辑主设置”标签

“编辑主设置”标签用来设置工具栏图标、行标识计数位数、自动打开的文件名、工作路径、文档行间距及撤销次数。

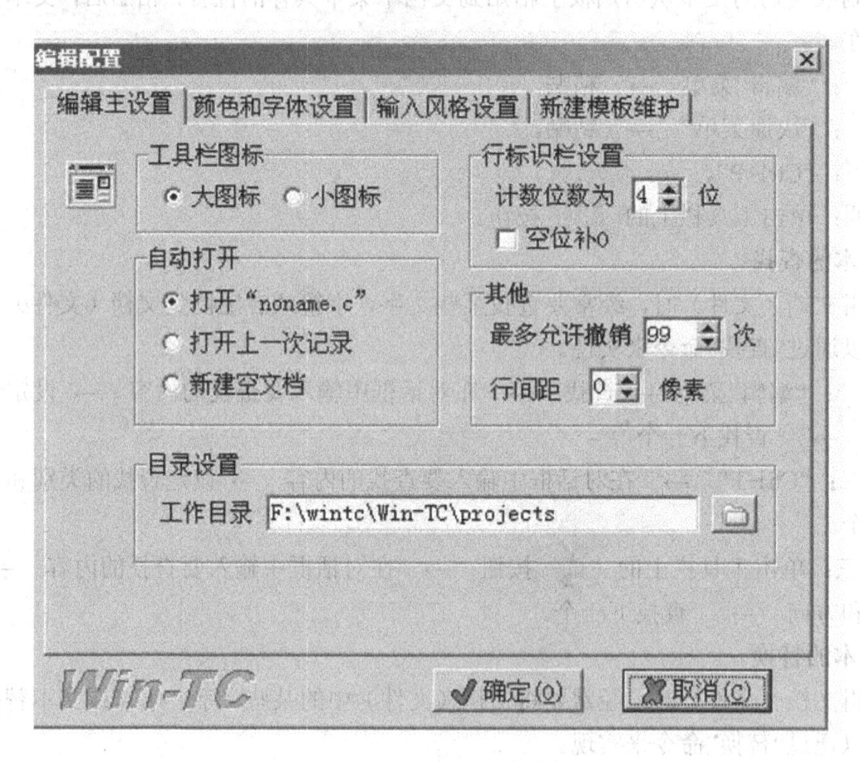

图 1-3 编辑配置对话框

① 工具栏图标

大图标：使用一组 32*32 图标作为工具栏图标，默认使用该组图标。

小图标：使用一组 16*16 图标作为工具栏图标，习惯小图标界面的用户可以选择该项。

② 行标识栏设置

行标识栏是指 Win-TC 窗口最左边的行号区，简单地说就是那块记数区域。

记数位数：记数栏能够显示的参考位数。4 位即可以从 0 正常显示至 9999。

空位补 0：按 N 位显示时，是否使用 0 将 N 位补齐，例如 4 位时，使用该功能后，第一行的行记数值则为 0001 而不是 1。

③ 自动打开

当启动 Win-TC 后，采用何种方式显示默认的文档。

打开“noname.c”：程序启动时打开 Win-TC 的 project 目录下的 noname.c。

打开上一次记录：程序启动时打开最近一次访问过的文档。

新建空文档：程序启动时新建一空文档等待用户编辑。

④ 目录设置

Win-TC 打开与保存时，默认的位置为该目录，方便用户的 C 源代码管理。

⑤ 其他

最多允许撤销次数：最多允许撤销次数的上限，默认设定为 99 次，可依据用户的内存自己修改，但最大值只允许使用 999。

行间距：编辑界面中行与行的间距设置，以像素(Pixel)为单位。

（2）“颜色和字体设置”标签

“颜色和字体设置”标签用来设置文档（文件）中的字体、字形、字号、背景色及特殊修饰，如图 1-4 所示。

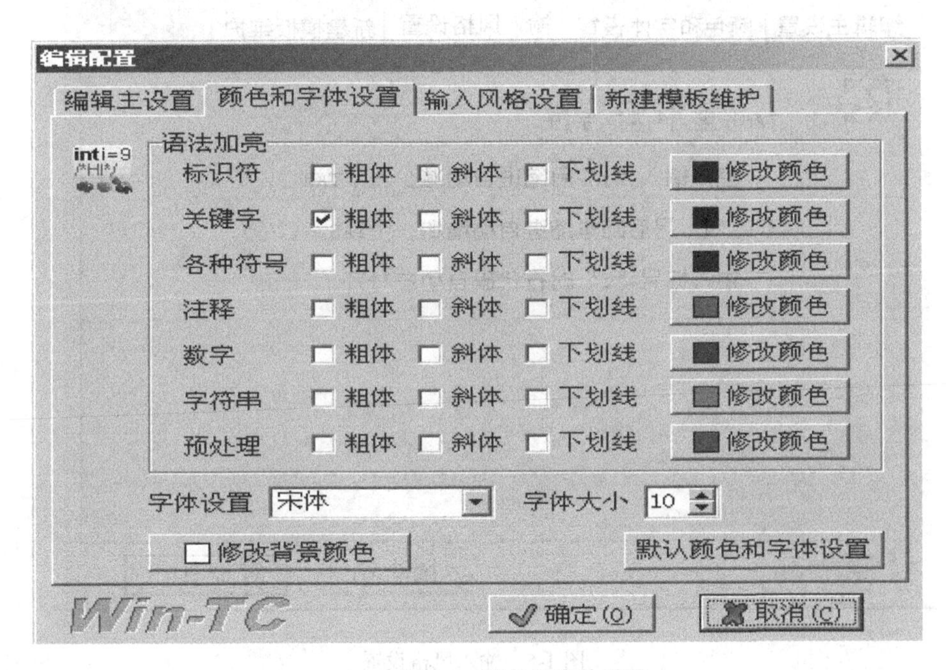

图 1-4　颜色和字体设置

① 语法加亮

在该选择栏里，头一列为语法加亮的对象类型，中间三列（粗体、斜体、下划线）勾选后该语法加量的对象就具有了该字体属性，最后一列决定该语法加亮要使用的颜色。

② 字体设置

字体设置决定了整个编辑区（包括行标记数部分）使用何种字体类型。

③ 字体大小

字体设置决定了整个编辑区（包括行标记数部分）使用何种字体大小。如果觉得在 1024*768 的显示模式下编辑区字体太小，可以使用该设置调整到合适的字体大小。

④ 修改背景颜色

用户可以依据自己的喜好修改窗口界面的背景颜色。

⑤ 默认颜色和字体设置

如果将颜色和字体调整得太乱的话，可以使用该功能恢复到 Win-TC 默认的颜色和字体设置。

（3）“输入风格设置”标签

"输入风格设置"标签用来设置文字、字符的输入格式，如图 1-5 所示。

在该设置中，用户可以依据自己的习惯设置输入的风格。如果你是 VC 的使用者，可以通过改设定实现类似 VC 的括号对齐和自动缩进的功能。关于 TAB 长度，该设置决定了一个 TAB 控制字符（即 TAB 按键所产生的字符）在 Win-TC 中对应的长度，按字符的长度计算，默认的是 4 字符。

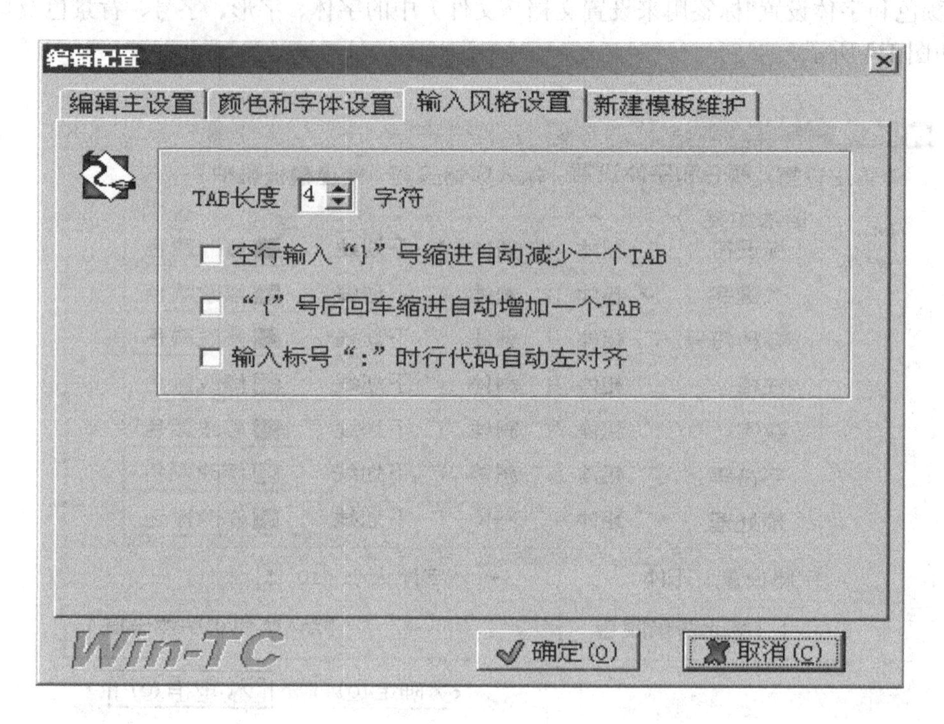

图 1-5　输入风格设置

（4）"新建模板维护"标签

"新建模板维护"标签用来设置模板的保存、打开、删除及导入，如图 1-6 所示。

① 已存在模板列表

已存在的自定义模板列表，对应使用模板新建列表里标准模板以下的列表，是允许用户自定义修改设置的部分。

② 将当前文档存为模板

将正在编辑的文档存为一个新的模板或覆盖已存在的模板。

③ 导入外部的模板

如果有已经编辑好的.tpl 模板，可以通过该功能导入 Win-TC 的新建模板列表。

④ 删除选择的模板

删除新建模板列表中选择的模板，删除后将不可以恢复。

注意：该模板列表维护是立即生效的，即修改列表时即生效，不可以通过取消按钮来取消。

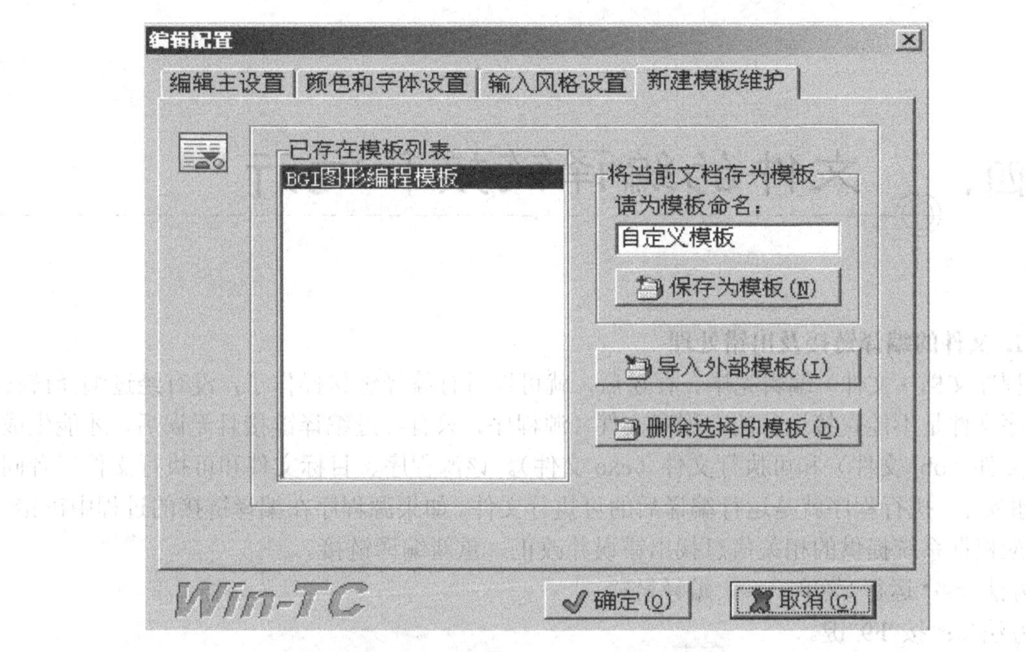
编辑配置
编辑主设置
颜色和字体设置
输入风格设置
新建模板维护
已存在模板列表
BGI图形编程模板
将当前文档存为模板
请为模板命名：
自定义模板
保存为模板(N)
导入外部模板(I)
删除选择的模板(D)
Win-TC
确定(O)
取消(C)

图 1-6　新建模板维护

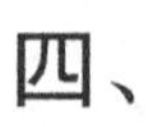

四、文件的编译链接和运行

1. 文件的编译链接及出错处理

程序文档（文件）编辑完毕、存盘后，就可以进行编译链接操作了，没有经过编译链接的程序文件是不能直接运行的，程序文件（源程序）只有经过编译链接且无误后，才能生成目标文件（obj 文件）和可执行文件（exe 文件）。该源程序、目标文件和可执行文件三者同名。事实上，执行程序就是运行编译后的可执行文件。如果源程序在编译链接的过程中出错，用户应根据系统提供的相关信息找出错误并改正，重新编译链接。

方法一：“运行”菜单 → 编译链接。

方法二：按“F9”键。

方法三：单击工具栏上的 按钮。

如果源程序没有错误，则一次编译就能顺利成功。如果有错误，则需要多次修改程序、更正错误，重新编译链接，方能编译成功。编译成功与否将出现如图 1-7 和图 1-8 所示的窗口。

图 1-7 编译成功

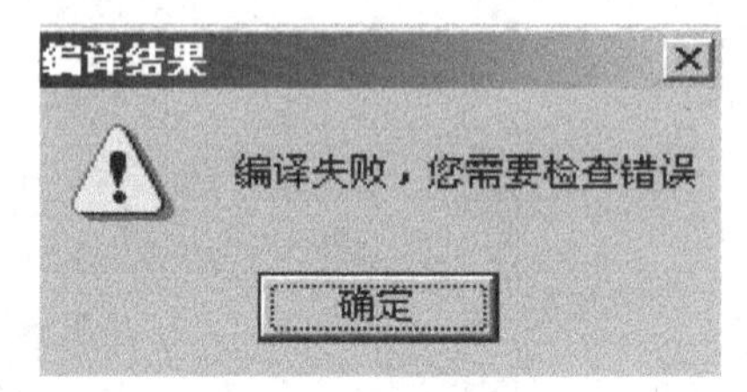

图 1-8 编译出错

2. 文件的运行

源程序编译链接无误后，生成可以直接运行的执行文件（exe 文件），这时就可以运行了。运行一个程序，常采用以下几种方法。

方法一：在 Windows 环境下直接运行。

操作方式：（略）。

方法二：在 Win-TC 集成环境中通过菜单选择运行。

操作方式一：“运行”菜单 → 编译链接并运行。

操作方式二：按“Ctrl+F9”键。

操作方式三：单击工具栏上的 按钮。

3. 使用带参数的运行

在运行程序时，可以使用带参数的运行方式。

方法：“运行”菜单 → 使用带参数运行。

4. 配置编译方式

用户在使用编译链接时，可以根据实际要求选择编译链接模式及其他选项。

方法："运行"菜单 → 编译配置 → （出现对话框，如图 1-9 所示） → 在对话框中完成相应的设置。

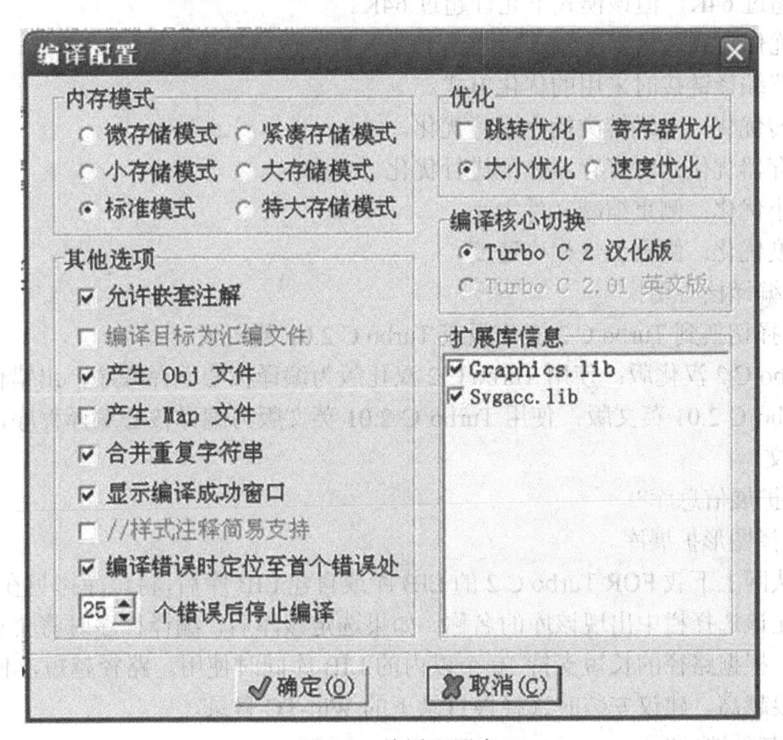

图 1-9　编译配置窗口

在编译配置窗口中，有五个选项配置，它们分别是："内存模式"、"优化方式"、"编译核心切换"、"扩展库信息"和"其他选项"。

（1）"内存模式"

用来设置编译链接时选用的内存存储模式，共有六种存储模式。

① 微存储模式：数据和代码段放置在同一段中，即它们不超过 64K，在该模式下代码段、数据段、堆栈段段地址均相同，即 CS=DS=SS=ES。指针为 near 型。编译的.EXE 可用 DOS 中的 EXE2BIN 转换成.COM 程序，一般程序均为该状态。

② 小存储模式：代码放在 64K 的代码段中，数据放在 64K 的数据段中。栈段、附加数据段与数据段为同一段地址，即 DS=SS=ES，指针为 near 型。

③ 标准模式：数据放在 64K 段内，数据段内使用 near 指针。代码量可以大于 64K（允许达到 1M），因此可以分布在不同的代码段内，代码段使用 far 指针。该模式适用于大代码量、小数据量的大程序。

④ 紧凑存储模式：数据量可超过 64K，数据段内采用 far 指针寻址。代码量不超过 64K，代码段内采用 near 指针寻址。但在该模式下，静态数据不能超过 64K，堆栈使用 far 指针存取。

⑤ 大存储模式：代码和数据均可采用 far 指针，两者均可达到 1MB，但静态数据仍不能超过 64K。

⑥ 特大存储模式：代码段和数据段内均采用 far 指针，代码和数据均可分布在不同的段内，它们来自于不同的源程序，但堆栈段只有一个。Turbo C 一般限制静态数据不超过 64K，但该模式下允许超过 64K。

（2）“优化方式”

用来设置编译链接时采用的优化方式。

① 跳转优化：对跳转类指令进行优化。

② 寄存器优化：对寄存器分配进行优化。

③ 大小优化：侧重缩减文件大小。

④ 速度优化：侧重加快程序速度。

（3）“编译核心切换”

用来选择切换到 Turbo C 2 汉化版或 Turbo C 2.01 英文版。

① Turbo C 2 汉化版：使用 Turbo C 2 汉化版为编译核心编译程序，出错信息为中文。

② Turbo C 2.01 英文版：使用 Turbo C 2.01 英文版为编译核心编译程序，出错信息为英文。

（4）“扩展信息库”

用来选择图形扩展库。

当从网上下载 FOR Turbo C 2 的 LIB 库或自建 LIB 库后，将该库拷贝在 LIB 目录后，将在该选择栏中出现该库的名称。如果选定该库后，编译程序时将会自动去链接该库。根据路径的长短支持 10 个以内的 LIB 库同时使用。路径越短，使用 LIB 库的上限越高。建议安装时选择根目录下的 Win-TC 目录。

（5）“其他选项”

用来设置编译链接时的过程选项。

① 允许嵌套注解：允许/**/注释嵌套使用，例如：/* aa/* bb */ cc */这样书写不会出现错误。

② 编译目标为汇编文件：使用该选项后，将只生成汇编文件，忽略链接错误。编译运行也只产生 ASM 汇编文件，不会生成 EXE 文件运行。若要生成 OBJ 或 EXE 文件运行的话则不需要选定该项。

③ 产生 Obj 文件：决定编译 C 程序后是否生成同名的.OBJ 文件。

④ 产生 Map 文件：决定编译 C 程序后是否生成同名的.MAP 文件。

⑤ 合并重复字符串：对程序中的重复字符串进行合并，有利于缩减文件大小。

⑥ 显示编译成功窗口：程序默认该选项为开启，即编译成功显示一个提示编译成功的窗口。如果你觉得要多点一下鼠标比较麻烦的话，可以取消选定该项以屏蔽编译成功的提示窗口。

⑦ //样式注释简易支持：//样式单行注释的简易支持。

⑧ 停止编译的错误个数：当达到该数值时，停止编译过程，避免过长的错误列表出现。

五、Win-TC 的超级使用功能

1. ASCII 字符表

Win-TC 提供了常用字符与 ASCII 代码对照表，用户可以参照此对照表输入 ASCII 字符，如图 1-10 所示。ASCII 字符输入方式：ALT+ASCII 代码。

打开 ASCII 代码对照表的方法：“超级工具集”菜单 → ASCII 字符表。

ASCII 代码对照表如图 1-10 所示。

0:	26:→	52:4	78:N	104:h	130:é	156:£	182:╢	208:╨	234:Ω
1:☺	27:←	53:5	79:O	105:i	131:â	157:¥	183:╖	209:╤	235:δ
2:☻	28:∟	54:6	80:P	106:j	132:ä	158:₧	184:╕	210:╥	236:∞
3:♥	29:↔	55:7	81:Q	107:k	133:à	159:ƒ	185:╣	211:╙	237:φ
4:♦	30:▲	56:8	82:R	108:l	134:å	160:á	186:║	212:╘	238:ε
5:♣	31:▼	57:9	83:S	109:m	135:ç	161:í	187:╗	213:╒	239:∩
6:♠	32:	58::	84:T	110:n	136:ê	162:ó	188:╝	214:╓	240:≡
7:•	33:!	59:;	85:U	111:o	137:ë	163:ú	189:╜	215:╫	241:±
8:◘	34:"	60:<	86:V	112:p	138:è	164:ñ	190:╛	216:╪	242:≥
9:○	35:#	61:=	87:W	113:q	139:ï	165:Ñ	191:┐	217:┘	243:≤
10:◙	36:$	62:>	88:X	114:r	140:î	166:ª	192:└	218:┌	244:⌠
11:♂	37:%	63:?	89:Y	115:s	141:ì	167:º	193:┴	219:█	245:⌡
12:♀	38:&	64:@	90:Z	116:t	142:Ä	168:¿	194:┬	220:▄	246:÷
13:♪	39:'	65:A	91:[	117:u	143:Å	169:⌐	195:├	221:▌	247:≈
14:♫	40:(	66:B	92:\	118:v	144:É	170:¬	196:─	222:▐	248:°
15:☼	41:)	67:C	93:]	119:w	145:æ	171:½	197:┼	223:▀	249:∙
16:►	42:*	68:D	94:^	120:x	146:Æ	172:¼	198:╞	224:α	250:·
17:◄	43:+	69:E	95:_	121:y	147:ô	173:¡	199:╟	225:ß	251:√
18:↕	44:,	70:F	96:`	122:z	148:ö	174:«	200:╚	226:Γ	252:ⁿ
19:‼	45:-	71:G	97:a	123:{	149:ò	175:»	201:╔	227:π	253:²
20:¶	46:.	72:H	98:b	124:¦	150:û	176:░	202:╩	228:Σ	254:■
21:§	47:/	73:I	99:c	125:}	151:ù	177:▒	203:╦	229:σ	255:
22:▬	48:0	74:J	100:d	126:~	152:ÿ	178:▓	204:╠	230:µ	
23:↨	49:1	75:K	101:e	127:⌂	153:Ö	179:│	205:═	231:τ	
24:↑	50:2	76:L	102:f	128:Ç	154:Ü	180:┤	206:╬	232:Φ	
25:↓	51:3	77:M	103:g	129:ü	155:¢	181:╡	207:╧	233:Θ	关闭(C)

图 1-10 常用字符与 ASCII 代码对照表

2. 点阵字模工具

Win-TC 提供了许多不同字体、字形和不同点阵的字模供用户使用，用户可以直接通过数组的方式在程序中设置汉字，只要内存允许，可以把汉字字模直接定义为数组的信息存储在 EXE 文件里。通过点阵字模工具（如图 1-11 所示），你可以把单个字模信息直接提取出来，然后在源程序代码中粘贴。“点阵字模工具”位于菜单“超级工具集”里面。该工具的强大功能在于不仅可以生成 12×12、16×16 宋体这些存在于 DOS 字库的字模，而且可以生成 16×16 楷体、黑体甚至自定义字体的字模，而且可以提供 6 种字模大小供你选择并即时预览效果！对使用少量汉字的图形编程能够提供极大方便。以下是其输出函数的源代码：

```
void drawmat(char *mat,int matsize,int x,int y,int color)
/*依次：字模指针、点阵大小、起始坐标(x,y)、颜色*/
{int i,j,k,n;
 n=(matsize-1)/8+1;
 for(j=0;j<matsize;j++)
  for(i=0;i<n;i++)
   for(k=0;k<8;k++)
    if(mat[j*n+i]&(0x80>>k))  /*测试为 1 的位则显示*/
     putpixel(x+i*8+k,y+j,color);
}
```

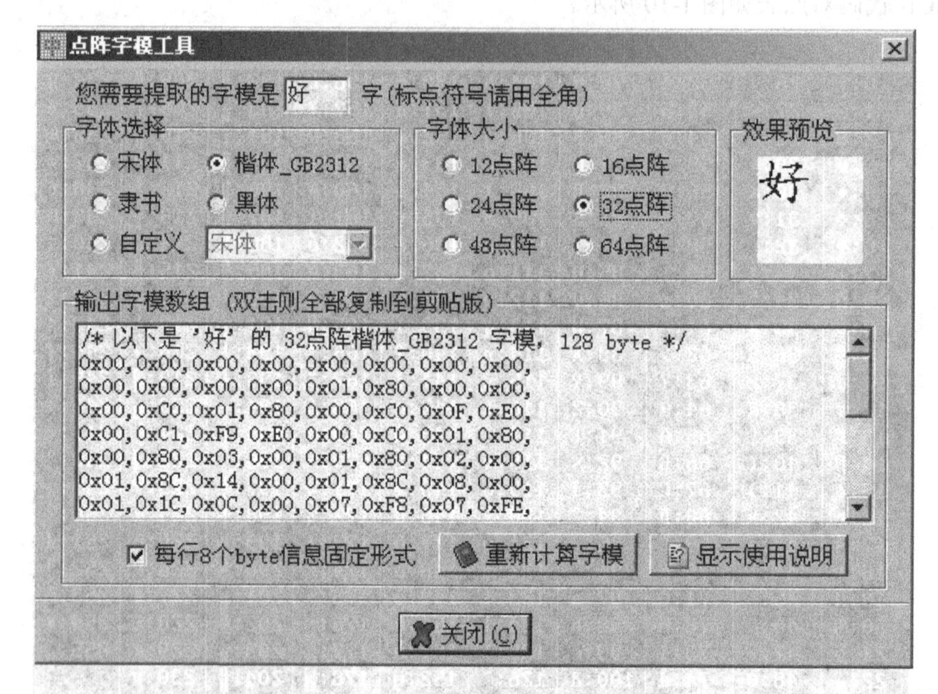

图 1-11 点阵字模工具窗口

3. 使用中文 DOS 运行方式

注意：只有在安装 CCDOS 中文环境支持之后，该功能才能被运行。

对于 Windows 98，如果你对 PDOS95 使用熟悉，可以使用 PDOS95 的方式运行你的中文 DOS 程序。而在 Windows 2000 和 Windows XP 下，没有 PDOS95，若采用其他中文 DOS，例如 UCDOS，则启动太麻烦。Win-TC 本身附带了一个中文 DOS 运行工具，可使你的中文 DOS 程序能够在中文 DOS 下运行，为中文 DOS 软件的编写提供了极大的便利。

“中文 DOS 环境运行”位于菜单“超级工具集”里面。打开后你可以看到当前文件编译后应生成的相应 EXE 文件及路径已经自动填写在里面了（如图 1-12 所示），如果刚编译过的中文 DOS 程序就直接单击运行按钮即可，如果需要运行其他程序可以使用“浏览”按钮选择将需要运行的文件名。选择好后单击运行按钮，将启动中文 DOS 要运行的程序。

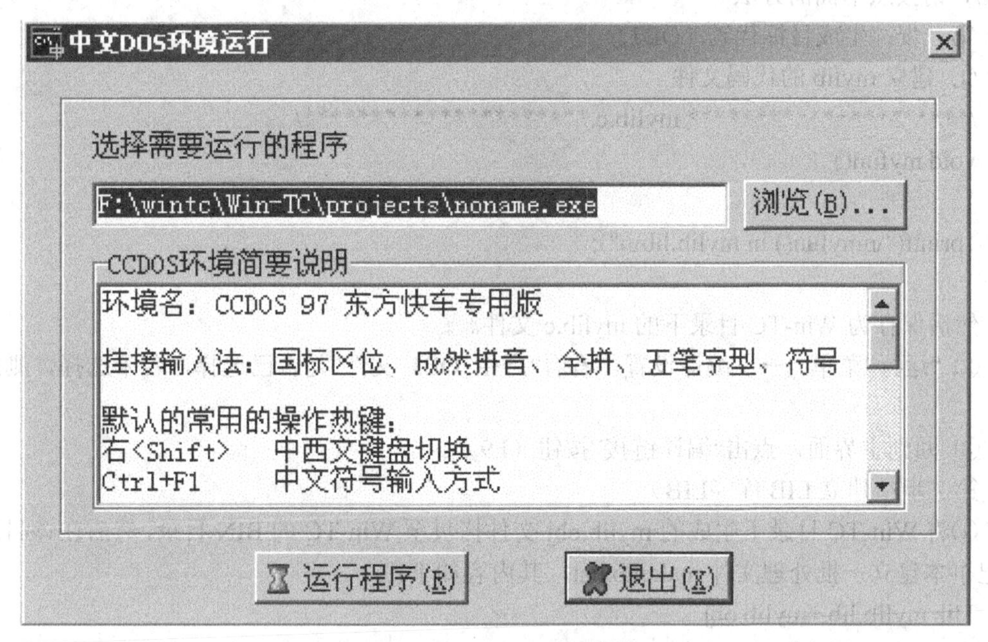

图 1-12 中文 DOS 环境运行窗口

注意，中文 DOS 运行工具将严格区分可执行程序类型，32 位 PE 和 16 位 NE 程序将限制运行，也就是只能运行 DOS 下 EXE 程序。

4. 单行注释简易支持与//转/* */功能

Win-TC 不支持 C++，因此无法直接使用//样式的单行注释。但在 Win-TC 中有//样式简易支持的功能。简易支持，即对当前的文档支持//样式注释，而无法对其#include 包含的文件进行//注释样式支持的处理，因此如果#include 包含文件里有//注释样式，则会出现错误，所以仅仅是简易功能而已。但是//样式注释毕竟是个简易支持，用/**/的注释才被 TC2 编译器所支持。如果有必要在 TC2 的环境下验证代码，可以使用“超级工具集”里面的“//注释转/* */”将当前文档所有的//注释转换成/**/样式的注释，以保证与 TC2 格式的完全兼容。

5. 扩展库与自建 LIB 库

（1）使用扩展库

Turbo C 所带的库在某些情况下是无法满足功能要求的，自己写一个又太麻烦，找到了一个 LIB 库又担心不会用。在 Win-TC 中，对于使用外部的扩展库（第三方 LIB）提供了一个方便的解决方法。

首先要确定找到的 LIB 库是 FOR Turbo C 版本的而不是 FOR Visual C 或是其他版本的。如果确定是 FOR Turbo C 的版本，就把相应的首标文件（或称头文件——就是扩展名为*.h 的文件）拷贝到 Win-TC 的 include 目录里，然后把相应名称的*.lib 文件拷贝到 lib 目录，然后再运行 Win-TC 时选择“编译配置”菜单项，这时就会看到扩展库信息栏里有了新的 LIB 库文件名在上面了，但是没有打勾。把它打勾选定后再“确定”保存，以后编译程序时就自动链接该扩展库了。

（2）建立自己的 LIB 库

将自己的代码编译成LIB库的格式有利于保护自己的代码版权。如何来生成自己的LIB库呢？请按照下面的方法。

第一步：生成目标代码（OBJ）

① 建立mylib的代码文件

```
/******************** mylib.c ********************/
void myfun()
{
 printf("\nmyfun() in mylib.lib\n");
}
```

然后保存为Win-TC目录下的mylib.c文件。

② "运行"菜单 → 编译设置。看看"产生 OBJ 文件"是否已选择，若未选择，则选择之。

③ 回到主界面，点击"编译链接"按钮（F9）。

第二步：建立LIB库（LIB）

①将Win-TC目录下生成的mylib.obj文件拷贝至Win-TC的BIN目录，然后在该目录下用记事本建立一批处理文件makelib.bat，其内容如下：

```
Tlib mylib.lib +mylib.obj
```

② 双击运行该批处理文件，则在BIN目录下生成了mylib.lib库文件。

第三步：建立首标文件（*.h）并使用LIB库

① 将BIN目录下的mylib.lib拷贝至Win-TC的lib目录。

② 打开Win-TC的菜单："运行"菜单 → 编译配置。这时就会看到"扩展库信息"列表里面有新生成的mylib.lib了，不过没有打勾，将它单击勾选，以后编译时就可以自动链接该库了。

③ 建立首标文件：用Win-TC新建一个文件，里面只要写一句话：void myfun();。

如果担心反复引用的话，可以加上#ifndef #define #endif 的结构，例如将以上结构用__MYLIB1来避免反复引用写为：

```
#ifndef __MYLIB
#define __MYLIB
void myfun();
#endif
```

然后"保存"，在弹出的保存对话框里面的保存类型里选择最下面的头文件(*.h)，保存位置为Win-TC的INCLUDE目录，文件名要与建立的库一致即为mylib。如果顺利的话，在INCLUDE目录下将可以看到一个mylib.h文件。

第四步：测试自己的LIB库

新建测试文件如下：

```
#include "mylib.h" /*包含自定义库的头文件*/
main()
{myfun();
getch();
 }
```

使用“Ctrl+F9”键编译运行之，将会看到下面的屏幕输出：

myfun() in mylib.lib

如果出现错误信息，则再检查一下是否严格按照步骤生成并使用 LIB 库。

六、Win-TC编译出错信息

1. Win-TC 常见错误

① 关键字输入出错。
② 语句完毕没有加“；”号（上一个语句完毕未加“；”号也会导致下一个语句出错）。
③ 说明语句不规范。
④ 数据类型不匹配。
⑤ 变量名重复或大写；变量使用前未定义。
⑥ 头文件名出错。
⑦ 引号、括号等未成对出现。
⑧ 定义数组长度过大，内存不够。
⑨ 结构化语句不规范。
⑩ 函数值和返回值不一致；main()函数输入出错。

2. 程序编译成功但看不到运行结果

该问题一般出现在Win2000和Win XP下使用Win-TC时。由于在Win2000和Win XP下命令执行方式默认为执行完关闭，因此，程序如果没有任何暂停代码，则在刚执行完就关闭了。解决办法是在主函数结束时加一个getch()函数来使程序暂停。

例如程序是：

```
main()
{
   printf("This is a TurboC.");
}
```

则需要改成：

```
main()
{
   printf("This is a TurboC.");
  getch();
}
```

这样就可以看到输出结果了，输出后按任意键关闭。

注意：在程序中绝对不能使用全角字符，否则编译时会出现“非法字符”错误。

第二部分 上机实验

实验 1　熟悉 Win-TC 程序调试环境

1. 实验目的与要求

（1） 掌握 C 语言程序上机调试过程。

（2） 熟悉 Win-TC 开发环境。

（3） 了解 C 语言程序的基本结构。

2. 实验内容

（1）检查所用的计算机系统是否满足 Win-TC 运行环境，安装 Win-TC。

（2）启动、退出 Win-TC。

（3）进入 Win-TC 界面，熟悉 Win-TC 窗口组成。

（4）学习在 Win-TC 中编辑文件、打开文件、保存文件、删除文件、文件发送及重命名。

（5）熟悉 Win-TC 菜单命令和工具按钮。

（6）学习在 Win-TC 中对文本进行各种操作。

（7）编辑调试下述程序。

```
#include "stdio.h"
main()
{
    printf("This is C program!");
}
```

① 为程序命名并保存程序。

② 编译程序，运行，并记下运行结果。

③ 修改程序，使其在运行时显示：　I am a student!

④ 修改程序，使其在运行时连续显示三行：I am a student!

3. 总结实验、完成实验报告

实验报告

实验名称	熟悉 Win-TC 程序调试环境		
学生姓名		专业及班级	
实验时间	年 月 日 星期		

认真完成本次实验，并根据实验内容，回答下面相关问题。

1．如何在 Win-TC 中新建文件、保存文件、编辑文件、打开文件？

2．在 Win-TC 中，某个变量多次出现在不同的地方，如果要修改该变量，应如何操作?写出操作过程。

3．在 Win-TC 中，如何设置文本的字体、字号及颜色?写出操作过程。

4．在 Win-TC 中，如何编译程序、运行程序？

成绩		教师签名	

实验2 数据类型、运算符和表达式

1. 实验目的与要求

（1）了解C语言中的数据类型及使用规定。

（2）掌握C语言常用运算符的作用、结合方式、优先级别等运算规则。

（3）掌握C语言的表达式的计算方法。

2. 实验内容

（1）编程测试下列语句的输出结果并分析原因。

① printf("%d",2/3);

② printf("%f",2.0/3);

③ printf("%d",2/3*100);

④ printf("%f",2.0/3*100);

⑤ printf("%d",2/(3*100));

⑥ printf("%f",2./(3*100));

⑦ printf("%d",2./(3*100));

⑧ printf("%d",2%3);

⑨ printf("%d",3%2);

（2）编程测试下列语句的输出结果并分析原因。

① i=3;j=3;

```
j=(i++)+(i++)+(i++);
printf("i=%d,j=%d",i,j);
```

② i=3;j=3;

```
j=(++i)+(++i)+(++i);
printf("i=%d,j=%d",i,j);
```

③ a=3; printf("a=%d\n",a);

```
printf("a=%d\n",a++);
printf("a=%d\n",++a);
```

④ printf("%d",1234567.89);

⑤ printf("%ld",1234567.89);

⑥ printf("%f",1234567.89);

⑦ printf("%12.4f",1234567.89);

（3）上机测试下面的语句是否正确，并分析原因。

① printf("%d",++4);

② i=3;j=4; printf("%d",++(i+j));

③ i=3;printf("%d",++i++);

④ i=3;printf("%d",++++i);

⑤ printf("%d",5.0%3);

⑥ printf("%d",5.0%3.0);

（4）分析下列语句的计算结果，并编程证明。

① x=4;x=4*6,x*5;求 x=?

② x=4;x=(4*6,x*5);求 x=?

③ a=12;a+=a-=a*=a;求 a=?

④ z=7;z=3*z--;求 z=?

（5）运行下列程序。

```
main()
{
 int i,j,m,n;
 i=8;
 j=10;
 m=i++;
 n=++j;
 printf("%d,%d,%d,%d",i,j,m,n);
 }
```

分析结果并说明理由。如果将第 4、5 行改为 m=++i;n=j++;将得到什么样的结果？

（6）编程测试下列语句的输出结果并分析原因。

① int a;

```
   a=5>3;
   printf("%d",a);
```

② printf("%d",!9);

③ int a=1,b=2,c=3,d=4,m,n=1;

```
    (m=a>b)&&(n=c>d);
   printf("m=%d,n=%d",m,n);
```

3. 总结实验、完成实验报告

实验报告

实验名称	数据类型、运算符和表达式		
学生姓名		专业及班级	
实验时间	年 月 日 星期		

认真完成本次实验，并根据实验内容，回答下面相关问题。

1．分析算术运算符、赋值运算符的功能、结合方式、优先级别。

2．分析 ++i 与 i++之间的相同之处与不同之处。

3．试说出不同类型数据之间进行运算的一般规则。

4．对有关系运算符或逻辑运算存在的表达式进行运算，运算结果是什么？

5．如果要截取两个实数的整数部分进行运算，应怎样进行?写出合适的表达式。

成绩		教师签名	

实验 3　程序的输入、输出

1. 实验目的与要求

（1）掌握各种类型的数据在 C 程序中的输入、输出方法。

（2）掌握 printf()函数中的输出格式控制。

（3）掌握 scanf()函数中的输入格式控制。

（4）掌握 putchar()函数和 getchar()函数的使用方法。

2. 实验内容

（1）输入程序：

```
#include "stdio.h"
main()
{
 char m=97,n;
 n=getchar();
 putchar(m);
 putchar(n);
 }
```

① 分析上述程序的运行结果并说明理由。

② 如果将上述程序的第 1 行语句删除，运行时会有什么结果？

（2）输入程序：

```
main()
{
 int a=-1;
 printf("%d",a);
 printf("%u",a);
}
```

① 分析上述程序的运行结果并说明理由。

② 如果使 a=-2,结果会怎样？为什么？

（3）输入程序：

```
main()
{
 int a=20;
 printf("%d",a);
 printf("%o",a);
 printf("%x",a);
```

```
}
```

① 分析上述程序的运行结果并说明理由。

② 如果使 a=−2,结果会怎样？为什么？

（4）输入程序：

```
main()
{
 int a=20;
 float b=12.3456;
 printf("%-5d#,%d*%06.2f",a,a,b);
}
```

分析上述程序的运行结果并说明理由。

（5）输入程序：

```
main()
{
int a;
float b;
scanf("%d,%d",a,b);
printf("%d*%d",a,b);
}
```

① 改正上述程序中的错误，然后分析改正后程序的运行结果并说明理由。

② 如果将上述程序的第 4 行语句改成：scanf("%o,%f",a,b);分析所得的结果并改正。

（6）输入程序：

```
main()
{
  int a，b;
  scanf("%2d%*3d%2d",&a,&b);
  printf("%d*%d",a,b);
}
```

① 运行程序，输入 1234567，分析所得结果。

② 如果将上述程序的第 3 行语句改成：scanf("%3d%3d",&a,&b);程序运行将会得到什么结果？

3. 分析讨论

讨论 printf()函数和 scanf()函数的输入和输出格式的特点。

4. 总结实验、完成实验报告

实验报告

实验名称	程序的输入、输出		
学生姓名		专业及班级	
实验时间	年　月　日　星 期		

认真完成本次实验，并根据实验内容，回答下面相关问题。

1. 分析printf和scanf函数中的格式控制符与输出数据之间的关系，如果格式控制符与输出数据不匹配，将产生什么结果？

2. 分析实验结果，并回答实验中提出的问题。

   实验（1）：

   实验（2）：

   实验（3）：

   实验（4）：

   实验（5）：

成绩		教师签名	

实验 4　选择结构程序设计 1

1. 实验目的与要求

（1）掌握 if 语句及嵌套的 if 语句的使用方法和程序设计技巧。

（2）掌握条件运算符用法和条件表达式的计算。

2. 实验内容

（1） 输入程序，分析所得结果并说明理由。

```
main()
{
 int x=1,y=1,z=1;
 y=y+z;
 x=x+y;
 printf("%d\n",x<y?y:x);
 printf("%d\n",x<y?x++:y++);
 printf("%d\n",x);
 printf("%d\n",y);
 x=3;
 y=z=4;
 printf("%d\n",x>=y>=x?1:0);
 printf("%d\n",z>=y&&y>=x);
 }
```

（2） 输入程序，分析所得结果并说明理由。

```
main()
{
 int x;
 scanf("%d",&x);
 if(2)
   printf("all right!");
 else
   printf("it is wrong!");
 }
```

（3） 输入程序，分析所得结果并说明理由。

```
main()
 {
```

```
    int x=3,y=4,z=5,;
    if(x<z)
       printf("%d",x++);
    else
       if(y<z)
          printf("%d",++y);
       else
          printf("%d",++z);
  }
```

（4） 从键盘输入一个字符，判别它是否为英文字母、数字字符、其他字符，并输出判断结果。

3. 总结实验、完成实验报告

4. 课外作业题

（1）企业发放的奖金根据利润提成。利润(I)低于或等于10万元时，奖金可提10%；利润高于10万元，低于20万元时，高于10万元的部分，可提成7.5%；20万元到40万元之间时，高于20万元的部分，可提成5%；40万元到60万元之间时高于40万元的部分，可提成3%；60万元到100万元之间时，高于60万元的部分，可提成1.5%，高于100万元时，超过100万元的部分按1%提成，从键盘输入当月利润I，求应发放奖金总数。

（2）从键盘上输入任意三个数作为三角形的三条边，求三角形的面积。

实验报告

<table>
<tr><td>实验名称</td><td colspan="3">选择结构程序设计 1</td></tr>
<tr><td>学生姓名</td><td></td><td>专业及班级</td><td></td></tr>
<tr><td>实验时间</td><td colspan="3">年　　月　　日　　星 期</td></tr>
<tr><td colspan="4">认真完成本次实验，并根据实验内容，回答下面相关问题。
1．分析实验结果，并回答实验中提出的问题。
实验（1）：

实验（2）：

实验（3）：

2．写出实验（4）的程序代码。</td></tr>
</table>

成绩		教师签名	

实验5 选择结构程序设计2

1. 实验目的与要求

掌握switch语句的使用方法和程序设计技巧。

2. 实验内容

（1）输入程序，分析所得结果并说明理由。

```
main()
{
   int x=1;
   switch(x)
   {
    case 1:printf("**1**\n");break;
    case 2: printf("**2**\n"); break;
    default: printf("**3**\n");
   }
}
```

（2）输入程序，分析所得结果并说明理由。

```
main()
{
  int x=2;
  switch(x)
   {
    case 1:printf("**1**\n");break;
    default: printf("**3**\n");
    case 2: printf("**2**\n"); break;
   }
}
```

（3）在某商场购物时，如果顾客消费到一定金额，就可以打折购买。设s为消费额，则：

s≥100元时，打95折，

s≥300元时，打90折，

s≥500元时，打80折，

s≥1000元时，打70折，

请分别用switch()语句和if…else…语句编写程序，实现上述消费实际费用的计算。

3. 总结实验、完成实验报告

4. 课外作业题

编写一个简单的财务应用程序来计算职工所得的实际工资。

具体要求：

① 总工资=基本底薪+奖金。

高级职员：底薪2000元 ，奖金系数1.15

一般职员：底薪1500元 ，奖金系数1.10

办 事 员：底薪1000元 ，奖金系数1.0

利润<50万元，奖金提成1%；

50万元≤利润<80万元，高出50万元部分奖金提成1.2%

80万元≤利润<100万元，高出80万元部分奖金提成1.3%

利润>100万元，高出100万元部分奖金提成1.5%

② 按国家要求扣税。

③ 按国家要求扣养老金(假定占基本底薪8%)、医疗保险 (假定占基本底薪6%)、失业保险(假定占基本底薪5%)等。

实验报告

实验名称	选择结构程序设计 2		
学生姓名		专业及班级	
实验时间	年　　月　　日　　星期		

认真完成本次实验，并根据实验内容，回答下面相关问题。

1. 分析实验结果，并回答实验中提出的问题。

   实验（1）：

   实验（2）：

2. 写出实验（3）的程序代码。

成绩		教师签名	

实验 6 循环结构程序设计 1

1. 实验目的与要求

（1）掌握 while()语句的使用方法和程序设计技巧。

（2）掌握 do…while()语句的使用方法和程序设计技巧。

2. 实验内容

（1）输入以下程序，分析所得的结果并说明理由。

```
main()
{
  int a=1,b=2,c=2,t;
  while(a<b)
    {
      t=a;
      a=b;
      b=t;
      c--;
    }
  printf("%d,%d,%d",a,b,c);
}
```

（2）输入以下程序，分析所得的结果并说明理由。

```
main()
{
  int x=0,y=0;
  do
  {
     y++;
     x+=++y;
  }while(x<18);
  printf("%d,%d",x,y);
}
```

（3）编程找出 5～100 之间能被 5 整除或能被 7 整除的数（按大小顺序排列）。

（4）编程求 s=2+4+8+…+n 的值（直到 n=3200 时为止）。

3. 总结实验、完成实验报告

4. 课外作业题

（1）有一对兔子，从出生后第 3 个月起每个月都生一对兔子，小兔子长到第三个月后每个月又生一对兔子，假如兔子都不死，问每个月的兔子总数为多少？

（2）一球从 200 米高度自由落下，每次落地后反跳回原高度的一半；再落下，求它在第 10 次落地时，共经过多少米？第 10 次反弹多高？

（3）两个乒乓球队进行比赛，各出三人。甲队为 a,b,c 三人，乙队为 x,y,z 三人。已抽签决定比赛名单。有人向队员打听比赛的名单。a 说他不和 x 比，c 说他不和 x,z 比，请编程序找出三队赛手的名单。

实验报告

实验名称	循环结构程序设计 1		
学生姓名		专业及班级	
实验时间	年　　月　　日　　星 期		

认真完成本次实验，并根据实验内容，回答下面相关问题。

1. 分析 while 循环与 do…while 循环的循环过程，指出它们之间的主要区别，在使用中如何使用这两种循环结构？

2. 写出实验（3）的程序代码。

3. 写出实验（4）的程序代码。

成绩		教师签名	

实验 7　循环结构程序设计 2

1. 实验目的与要求

（1）掌握 for 语句的使用方法和程序设计技巧。

（2）掌握 continue 语句和 break 语句的使用方法和程序设计技巧。

2. 实验内容

（1）输入程序，分析所得结果并说明理由。

```
main()
{
  int x=1,y=2,z=3;
  for( ;z<=105;x++,y++)
     z=x*y*z;
  printf("%d,%d\n",x,y);
}
```

（2）某日，王母娘娘送唐僧一批仙桃，唐僧命八戒去挑。八戒从娘娘宫挑上仙桃出发，边走边望着箩筐中的仙桃咽口水，走到 128 里时，倍觉心烦、腹饥口干不能再忍，于是找了个背静处开始吃前头箩筐中的仙桃来，越吃越有兴头，不觉竟将一筐仙桃吃尽，才猛觉得大事不好。正在无奈之时，发现身后还有一筐，便转悲为喜，将身后的仙桃一分为二，重新上路。走着走着，又馋病复发，才走了 64 里路，便故伎重演，又在吃光一筐仙桃后，把另一筐一分为二，才肯上路。以后，每走前一段路的一半，便吃光前一箩筐中的仙桃，才上路。如此这般，最后一里走完，正好遇上师傅，师傅一看，两个箩筐中只有一个仙桃，于是大怒，要八戒交代一路偷吃了多少个仙桃。八戒掰着指头，好几个时辰也回答不出。

请设计一个 C 语言程序，为八戒计算一下，他一路偷吃了多少仙桃？

（3）用 break 语句编写程序，求 s=2+4+6+…+100 的值。

（4）用 continue 语句编写程序，从 1 到 100 之间找出所有的质数。

（5）编写程序，求 s=1!+3!+5!+7!+…+21!。

3. 分析讨论

（1）分析讨论四种循环语句之间的相互关系。

（2）如何用穷举法编写相关应用程序？

（3）在循环嵌套的情形下，如何提高程序的清晰度和计算速度？

（4）在程序设计中如何避免死循环和有效利用死循环？

4. 总结实验，完成实验报告

5. 课外作业

编写一个简单的超市售货程序，具体要求：

① 能根据客户所买商品的种类、数量和单价，快速计算出总费用。

② 能根据超市的促销活动进行打折处理，打折比例由键盘输入。

实验报告

实验名称	循环结构程序设计 2		
学生姓名		专业及班级	
实验时间	年　月　日　星期		

认真完成本次实验，并根据实验内容，回答下面相关问题。

1. 写出实验（3）的程序代码。

2. 写出实验（4）的程序代码。

3. 写出实验（5）的程序代码。

成绩		教师签名	

实验 8　函数的调用和递归

1. 实验目的与要求

（1）掌握函数的定义、声明和调用。

（2）掌握函数的数据传递及返回值。

（3）掌握函数的嵌套调用和递归。

2. 实验内容

（1）输入程序，分析所得结果并说明理由。

```
#include "stdio.h"
int fun1()
{
 int x=5;
 printf("%d\t",x);
 return x;
}

int fun2(int x)
{
 printf("%d\t",++x);
 return x;
}

main()
{
 int x=2;
 x=fun1();
 x=fun2(x);
 printf("%d\n",x);
}
```

（2）修改下面的程序，要求用函数求两数的乘积，分析出错原因。

```
#include "stdio.h"
main()
{
 int x=4,y=2;
```

```
printf("%d\n",mm(x*y));

int mm(u,v)
{ int u,v;
  return(u*v);
}
}
```

（3）编一函数，求

$$f(x)=\begin{cases} x^2+1 & (x>1) \\ x^2 & (-1\leqslant x\leqslant 1) \\ x^2-1 & (x<-1) \end{cases}$$

的值，要求函数原型为 float fun(float x)。

（4）求方程 $ax^2+bx+c=0$ 的根，用三个函数分别求当 b^2-4ac 大于 0、等于 0 和小于 0 时的根并输出结果。从主函数输入 a,b,c 的值。

（5）用递归法求 n 阶勒让德多项式的值，递归公式为

$$P_n(x)=\begin{cases} 1 & (n=0) \\ x & (n=1) \\ ((2n-1)\cdot x-P_{n-1}(x)-(n-1)\cdot P_{n-2}(x))/n & (n>1) \end{cases}$$

3. 总结实验，完成实验报告

4. 课外作业

（1）利用递归函数调用方式，将所输入的 5 个字符，以相反顺序打印出来。

（2）Hanoi 塔问题：一块板上有三根针 A，B，C。A 针上套有 64 个大小不等的圆盘，大的在下，小的在上。要把这 64 个圆盘从 A 针移动 C 针上，每次只能移动一个圆盘，移动可以借助 B 针进行。但在任何时候，任何针上的圆盘都必须保持大盘在下，小盘在上。求移动的步骤。

实验报告

<table>
<tr><td>实验名称</td><td colspan="3">函数的调用和递归</td></tr>
<tr><td>学生姓名</td><td></td><td>专业及班级</td><td></td></tr>
<tr><td>实验时间</td><td colspan="3">年　　月　　日　　星 期</td></tr>
<tr><td colspan="4">认真完成本次实验，并根据实验内容，回答下面相关问题。

1. 写出实验（3）的程序代码。

2. 写出实验（4）的程序代码。

3. 写出实验（5）的程序代码。

</td></tr>
<tr><td>成绩</td><td></td><td>教师签名</td><td></td></tr>
</table>

实验9 变量的存储类别和宏

1. 实验目的与要求

（1）掌握全局变量和局部变量的概念和使用方法。

（2）掌握动态变量和静态变量的概念和使用方法。

（3）掌握宏定义和宏替换的概念及使用方法。

2. 实验内容

（1）输入程序，分析所得结果并说明理由。

①
```
#include "stdio.h"
void fun1()
{int x=5;
 printf("%d\t",x);
}
void fun2(int x)
{printf("%d\t",++x);
}
main()
{int x=2;
 fun1();
 fun2(x);
 printf("%d\n",x);
}
```

②
```
#include "stdio.h"
int x,y;
main()
{x=5;
 f(x);
 f(x);
}
int f(int x)
{y=x++;
 printf("%d\n",y);
 }
```

③
```
#include "stdio.h"
```

```
int x,y;
main()
{x=5;
 f();
 f();
}
int f()
{y=x++;
 printf("%d\n",y);
}
```

④
```
#include "stdio.h"
#include "conio.h"
varfunc()
{ int var=0;
   static int static_var=0;
   printf(":var equal %d \n",var);
   printf(":static var equal %d \n",static_var);
   printf("\n");
   var++;
   static_var++;
}
void main()
{ int i;
   for(i=0;i<3;i++)
   varfunc();
}
```

（2）输入程序，分析所得结果并说明理由。

```
#define AMT a+a+a
#define ATT AMT-AMT
main()
{
 int a=2;
 printf("%d",ATT);
}
```

3. 总结实验，完成实验报告

实验报告

实验名称	变量的存储类别和宏		
学生姓名		专业及班级	
实验时间	年　月　日　星期		

认真完成本次实验，并根据实验内容，回答下面相关问题。

分析实验结果，并回答实验中提出的问题。

实验（1）：

①

②

③

④

实验（2）：

成绩		教师签名	

实验10 一 维 数 组

1. 实验目的与要求

（1）掌握一维数组的定义、赋值、使用和输入、输出方式。

（2）掌握数据排序算法。

（3）掌握对一组数据的常规处理的算法和程序设计。

2. 实验内容

（1）输入程序，分析所得结果并说明理由。

```
#include "stdio.h"
main()
{
 int i，c[5];
 int a[]={9,7,5,3,1};
 int b[]={-2,-4,-6,-8,-10};
 for(i=0;i<5;i++)
   c[i]=a[i]+b[i];
 for(i=0;i<5;i++)
   printf("%8d",c[i]);
}
```

（2）假定某班有40个同学参加了计算机等级考试，编写一个程序求该班考试平均分和考试通过率。

（3）编写程序，用冒泡法对从键盘输入的10个数进行从大到小排序。

（4）编写程序，用选择法对从键盘输入的10个数进行从小到大排序。

（5）编写程序，将一个数组中的值按逆序重新存放。

3. 总结实验，完成实验报告

4. 课外作业

（1）有一个已经排好序的数组。现输入一个数，要求按原来的规律将它插入数组中。

（2）某个公司采用公用电话传递数据，数据是四位的整数，在传递过程中是加密的，加密规则如下：每位数字都加上5，然后用和除以10的余数代替该数字，再将第一位和第四位交换，第二位和第三位交换。

实验报告

实验名称	一维数组		
学生姓名		专业及班级	
实验时间	年　月　日　星期		

认真完成本次实验，并根据实验内容，回答下面相关问题。

1. 分析实验结果，并回答实验中提出的问题。
   实验（1）：

2. 写出实验（2）的程序代码。

3. 写出实验（5）的程序代码。

成绩		教师签名	

实验 11 二 维 数 组

1. 实验目的与要求

（1）掌握二维数组的定义、赋值、使用和输入、输出方式。

（2）掌握对二维数据的常规处理的算法和程序设计。

2. 实验内容

（1）输入程序，分析所得结果并说明理由。

```
#include "stdio.h"
main()
{
    int a[3][3]={1,2,3,4,5,6,7,8,9},i,x=0;
    for(i=0;i<=2;i++)
    x+=a[i][i];
    printf("%d\n",x);
}
```

（2）编写程序，求一个 5×5 矩阵对角线元素之和。

（3）编写程序，从矩阵中找出某个元素的位置，并打印出该元素的值（要求这个元素在行上最小，在列上最大）。

（4）编写程序，打印杨辉三角形（不少于 10 行）

```
1    1
1    2    1
1    3    3    1
1    4    6    4    1
1    5    10   10   5    1
⋮         ⋮         ⋮
```

3. 总结实验，完成实验报告

4. 课外作业

某班有 20 个学生，在本学期中学习了 6 门课程，编写一个应用程序：按课程输入单科成绩，求每个学生的总分，并按高低排名。

实验报告

<table>
<tr><td>实验名称</td><td colspan="3">二维数组</td></tr>
<tr><td>学生姓名</td><td></td><td>专业及班级</td><td></td></tr>
<tr><td>实验时间</td><td colspan="3">年　　月　　日　　星期</td></tr>
<tr><td colspan="4">认真完成本次实验，并根据实验内容，回答下面相关问题。

1. 写出实验（3）的程序代码。

2. 写出实验（4）的程序代码。

</td></tr>
</table>

成绩		教师签名	

实验12 字 符 数 组

1. 实验目的与要求

（1）掌握字符数组的定义、赋值、使用和输入、输出方式。

（2）掌握对字符常规处理的算法和程序设计。

2. 实验内容

（1）输入程序，分析所得结果并说明理由。

```
#include "stdio.h"
main()
{
  char a[]={'a','b','c','d','\0','x','y','z','\0'};
  printf("%s",a);
}
```

（2）修改程序错误，并说明理由。

```
#include "stdio.h"
main()
{
 char a[5],b[5]; int i;
 for(i=0;i<5;i++)
 scanf("%c",a[i]);
 scanf("%s",b[i]);
 printf("%s\n%s\n",a,b);
}
```

（3）打印以下图案（每行每两个 * 之间留两个空格）。

```
*  *  *  *  *
 *  *  *  *  *
  *  *  *  *  *
   *  *  *  *  *
    *  *  *  *  *
```

3. 总结实验，完成实验报告

实验报告

<table>
<tr><td>实验名称</td><td colspan="3">字符数组</td></tr>
<tr><td>学生姓名</td><td></td><td>专业及班级</td><td></td></tr>
<tr><td>实验时间</td><td colspan="3">年　　月　　日　　星 期</td></tr>
<tr><td colspan="4">认真完成本次实验，并根据实验内容，回答下面相关问题。
1. 分析实验结果，并回答实验中提出的问题。
实验（1）：

实验（2）：

2. 写出实验（3）的程序代码。</td></tr>
</table>

成绩		教师签名	

实验 13　变量的指针和指向变量的指针变量

1. 实验目的与要求

（1）掌握指针变量的定义和引用方法。

（2）掌握指针变量作为函数的参数传递地址的方法。

2. 实验内容

（1）调试下面的程序。

```
#include "stdio.h"
main()
{
   int a;
   int *p;
   p=&a;
   scanf("%d",&a);
   printf("%d\n",a);
}
```

讨论：此程序的后两条语句用指针如何表示，试给出正确答案并调试。

（2）调试下面的程序。

```
#include "stdio.h"
main()                          /*输入三个整数，按从小到大的顺序输出。*/
{
   int a,b,c;
   int*p1, *p2, *p3;
   scanf("%d,%d,%d",&a,&b,&c);
   p1=&a;
   p2=&b;
   p3=&c;
   if(a>b) swap(p1,p2);
   if(a>c) swap(p1,p3);
   if(b>c) swap(p2,p3);
   printf("%d,%d,%d",a,b,c);
}
swap(int *p1,int *p2)
{
```

```
    int x;
    x=*p1;
   *p1=*p2;
   *p2=x;
}
```

① 观察程序的执行过程，查看结果。

② 讨论：若把函数 swap 中定义部分的*去掉，结果会如何？为什么？

（3）调试下面的程序,分析运行结果。

```
#include "stdio.h"
sub(int x,int y,int *z)
{
    *z=y-x;
}
main()
{
    int a,b,c;
    sub(10,5,&a);
    sub(7,a,&b);
    sub(a,b,&c);
    printf("%4d,%4d,%4d\n",a,b,c);
}
```

（4）利用指针编程,计算任意两个整数之和，并显示结果。

3. 总结实验，完成实验报告

实验报告

<table>
<tr><td>实验名称</td><td colspan="3">变量的指针和指向变量的指针变量</td></tr>
<tr><td>学生姓名</td><td></td><td>专业及班级</td><td></td></tr>
<tr><td>实验时间</td><td colspan="3">年　　月　　日　　星 期</td></tr>
<tr><td colspan="4">认真完成本次实验，并根据实验内容，回答下面相关问题。
1. 分析实验结果，并回答实验中提出的问题。
实验（1）：
实验（2）：
实验（3）：
2. 写出实验（4）的程序代码。</td></tr>
<tr><td>成绩</td><td></td><td>教师签名</td><td></td></tr>
</table>

实验 14 指针和一维数组

1. 实验目的与要求

（1）掌握指针数组定义的方法。

（2）掌握通过指针引用数组元素的方法。

（3）掌握正确使用数组作函数参数的方法。

2. 实验内容

（1）程序中有如下定义：

```
int a[10]={2,4,6,8,10,12,14,16,18,20},i=0;
int *p;
```

① 要使指针 p 指向数组如何表示，试写出相应语句并编程证明。

② 试写出第二种表示方法，并编程证明。

（2）当指针 p 已指向数组首地址时，则以下引用分别表示的值为多少？

① *p

② *(p++)

③ *p++

④ 上机调试*(p++)和*(++p)表示的值是否相同，*(p++)和 a[i++]表示的值又是否相同？

（3）利用指针编写程序：输入 10 个数，将其中最小的数与第一个数对换，把最大的数与最后一个数对换。

3. 总结实验，完成实验报告

实验报告

实验名称	指针和一维数组		
学生姓名		专业及班级	
实验时间	年　月　日　星期		

认真完成本次实验，并根据实验内容，回答下面相关问题。

1．分析实验结果，并回答实验中提出的问题。

实验（1）：

实验（2）：

2．写出实验（3）的程序代码。

成绩		教师签名	

实验 15 指针和二维数组

1. 实验目的与要求

（1）掌握二维数组指针的定义方法。

（2）掌握正确使用二维数组指针元素的引用方法。

2. 实验内容

（1）有如下程序，程序功能是：将一个 3×3 的矩阵转置。该程序中有两处错误，请上机调试修改，得出正确结果。

```
main()
{
    int a[3][3], * p,i;
    printf("input matrix:\n");
    for(i=0;i<3;i++)
      scanf("%d%d%d",&a[i][1], &a[i][2], &a[i][3]);
    p=&a[0][0];
  for(i=0;i<3;i++)
    for(j=0;j<3;j++)
        {
          t=* (p+3* i+j);
          * (p+3*i+j)= * (p+3*j+i);
         * (p+3*j+i)=t;
        }
  printf("New matrix:\n");
  for(i=0;i<3;i++)
      printf("%d%d%d\n",a[i][0],a[i][1],a[i][2]);
  }
```

（2）若将上面程序中体现转置功能的部分用函数表示，请编辑出新程序。

3. 总结实验，完成实验报告

实验报告

实验名称	指针和二维数组		
学生姓名		专业及班级	
实验时间	年 月 日 星期		

认真完成本次实验，并根据实验内容，回答下面相关问题。

分析实验结果，并回答实验中提出的问题。

实验（1）：

实验（2）：

成绩		教师签名	

实验 16 指针和字符数组

1. 实验目的与要求

（1）掌握字符指针数组的定义和引用方法。

（2）掌握字符串函数的处理方法。

2. 实验内容

（1）调试下面程序，并说出该程序实现的功能。

```
#include"stdio.h"
#include"string.h"
chnum(char *p)
{
   int num=0;
   for(   ;*p!= '\0';p++)
      num=num*10+*p-'0';
   return(num);
   }
main()
{
    char s[8];
    int n;
    gets(s);
    if(*s= ='-') n=-chnum(s+1);
    else n=chnum(s);
    printf("%d\n",n);
    }
```

① 当输入-2345<回车>时，程序运行结果是什么？

② 当输入 2345<回车>时，程序运行结果是什么？

（2）调试下面程序，并说明该程序实现的功能。

```
#include"stdio.h"
main()
{
   int n;
        char s1[10],s2[10];
        char *p,*q;
```

```
  printf("input 2 strings:\n");
  gets(s1);
  gets(s2);
  p=s1;   q=s2;
  n=strcmp(p,q);
  printf("result:%d\n",n);
 }

int strcmp(char *p,char *q)
{
  int i=0,m;
  while(*(p+i)= =*(q+i))
     {
        if( (*(p+i)= ='\0')||(*(q+i)=='\0') )   break;
        i++;
     }
  m=*(p+i)-*(q+i);
  return(m);
}
```

① 当输入 rechard<回车>
rechard<回车>时，程序运行结果是什么？

② 当输入 rechard<回车>
heland<回车>时，程序运行结果是什么？

③ 当输入 heland<回车>
rechard<回车>时，程序运行结果是什么？

（3）编写程序，实现两个字符串的链接（要求不用 strcat 函数）。

3. 总结实验，完成实验报告

实验报告

实验名称	指针和字符数组		
学生姓名		专业及班级	
实验时间	年 月 日 星期		

认真完成本次实验，并根据实验内容，回答下面相关问题。

1．分析实验结果，并回答实验中提出的问题。

实验（1）：

实验（2）：

2．写出实验（3）的程序代码。

成绩		教师签名	

实验 17　结构体和链表

1. 实验目的与要求

（1）掌握结构体类型的定义和成员的引用方法。

（2）掌握链表的构成和用法。

2. 实验内容

（1）调试下面程序，并分析其运行结果。

```
#include"stdio.h"
struct yymmdd
  {
     int day;
     int month;
     int year;
  }data;
main()
{
    int days(int,int,int);
    int i,daysum;
    printf("please input year-month-day: ");
    scanf("%d,%d,%d",&data.year,&data,&data.day);
    daysum=days(data.year,data.month,data.day);
    printf("\nthe dayth is %d\n",daysum);
}
    int days(int year,int month,int day)                    /*    计算天数   */
    {
       int daysum,i;
       int tt[13]={0,31,28,31,30,31,30,31,31,30,31,30,31};
       daysum=0;
       for(i=1;i<month;i++)
          daysum=daysum+tt[i];
          daysum=daysum+day;
       if(month>=3&&(year%4= =0&&year%100!=0||year%4= =0))
            daysum+=1;
       return(daysum);
```

```
    }
```

（2）调试下面程序，并分析其运行结果。

```
#include"stdio.h"
struct student
{
    char num[10];
    f loat cj;
    struct student *next;
};
main()
{ struct   student   a[4]={{ "001",90},
                           {"002",85},
                           {"003",91},
                           {"004",76}};
    struct   student   b[5]={{ "005",85},
                           {"006",68},
                           {"003",91},
                           {"008",64},
                           {"007",78}};
    int i,j;
    struct student *p,*p1,*p2,*pt,*head1,*head2;
    head1=a;                                          /*   初始化   */
    head2=b;
    printf("     list a:       \n");
    for(p1=head1,i=1;p1<a+4;i++)
        {
           p=p1;
           p1->next=a+i;
           printf("%8s%8.1f \n",p1->num,p1->cj);
           p1=p1->next;
         }
     p->next=0;
     printf("      list b:       \n");
     for(p2=head2,i=1;p2<b+5;i++)
        {
           p=p2;
           p2->next=b+i;
           printf("%8s%8.1f \n",p2->num,p2->cj);
           p2=p2->next;
```

```
    }
  p->next=0;
  printf("\n");
  p1=head1;                                      /*     删除      */
  while(p1!=0)
    {
      p2=head2;
      while(p2!=0&&strcmp(p1->num,p2->num)!=0)
          p2=p2->next;
      if(strcmp(p1->num,p2->num)= =0)
          if(p1= =head1)       head1=p1->next;
          else       p->next=p1->next;
      p=p1;
      p1=p1->next;
    }
   p1=head1;                                      /*     输出      */
   printf("\n     result:        \n");
   while( p1!=0 )
      {
          printf("%8s%8.1f \n",p1->num,p1->cj);
          p1=p1->next;
      }
  }
```

（3）编程实现将 a 链表的第 1 个节点插入到 b 链表的末尾，并输出新的链表。

3. 总结实验，完成实验报告

实验报告

实验名称	结构体和链表		
学生姓名		专业及班级	
实验时间	年　　月　　日　　星 期		

认真完成本次实验，并根据实验内容，回答下面相关问题。

1．分析实验结果，并回答实验中提出的问题。

实验（1）：

实验（2）：

2．写出实验（3）的程序代码。

成绩		教师签名	

实验 18 共 用 体

1. 实验目的与要求

（1）了解共用体的概念及引用方式。

（2）掌握共用体数据的处理方法。

2. 实验内容

调试运行以下程序：

```
union study
   {
       int i[2];
       float a;
       long b;
       char c;
   }x;
main()
{
  scanf("%d,%d",&x.i[0],&x.i[1]);
  printf("i[0]=%d,i[1]=%d,a=%f,b=%ld,c=%c\n",x.i[0],x.i[1],x.a,x.b,x.c);
}
```

① 当输入数据为 1000,2000 时，分析其运行结果。

② 如果在后面加入语句：

scanf("%ld ",&x.b);和相同的 printf 语句，

则输入数据为 60000 时，结果又是什么？为什么？

3. 总结实验，完成实验报告

实验报告

<table>
<tr><td>实验名称</td><td colspan="3">共用体</td></tr>
<tr><td>学生姓名</td><td></td><td>专业及班级</td><td></td></tr>
<tr><td>实验时间</td><td colspan="3">年　　月　　日　　星 期</td></tr>
<tr><td colspan="4">认真完成本次实验，并根据实验内容，回答下面相关问题。

1. 分析实验结果，并回答实验中提出的问题。
①

②

2. 分析结构体与共用体之间的区别。</td></tr>
<tr><td>成绩</td><td></td><td>教师签名</td><td></td></tr>
</table>

第三部分　练　习　题

练 习 题 1

1. 填空题

（1） C 语言程序从（　　）函数开始执行。

（2） C 语言程序的注释写在（　　）符号内。

（3） C 语言程序每个语句用（　　）符号结束。

2. 单项选择题

（1）编写 C 语言源程序并上机运行的一般过程为（　　）。

A）编辑、编译、链接和运行　　B）编译、编辑、链接和运行

C）链接、编译、编辑和运行　　D）链接、编辑、编译和运行

（2）以下叙述正确的是（　　）。

A) C语言比其他语言高级

B) C语言可以不用编译就能被计算机识别执行

C) C语言以接近英语国家的自然语言和数学语言作为语言的表达形式

D) C语言出现得最晚，具有其他语言的一切优点

（3）在一个C语言程序中，（　　）。

A) main函数必须出现在所有函数之前

B) main函数可以在任何地方出现

C) main函数必须出现在所有函数之后

D) main函数必须出现在固定位置

练 习 题 2

1. 填空题

（1）算法的一般特性是有穷性、（　　）、（　　）、有零个或多个输入、有一个或多个输出。

（2） 表示算法的流程图由输入、输出框、起止框、（　　）、（　　）和流程线、连接点、注释框组成。

2. 编程题

计算 1+3+5+7+9+…+99 的值，用伪代码实现其算法。

练习题 3

1．填空题

（1）C 语言的标识符：LEI 与 lei 是（　　）同的。

（2）C 语言可以表示（　　）、（　　）和（　　）三种进制的整型数。

（3）C 语言可以用（　　）进制形式表示实数。

（4）C 语言是用（　　）符号来标注字符常量。

（5）C 语言是用（　　）符号来标注字符串常量。

（6）int a；是将变量 a 定义为(　　)类型。float x；是将变量 x 定义为(　　)类型。char u；是将变量 u 定义为(　　)类型。

（7）C 语言的一个 int 型变量的存储容量为（　　）个字节，一个 float 型变量的存储容量为（　　）个字节，一个 char 型变量的存储容量为（　　）个字节。

（8）已知 char　ch; 则表达式 ch='a'+ '8'- '3'的值为（　　）。

（9）已知 int x=6; 表达式 x%2+(x+1)%2 的值是（　　）。

（10）已知 int x; 表达式 x=25/3%3 的值是（　　）。

（11）语句：x++;++x; x=x+1;x=l+x;执行后都使变量 x 中的值增 1，请写出一条同一功能的赋值语句(不得与列举的相同)（　　）。

（12）已知 int a=6；表达式 a+=a-=a*a 的值是（　　）。

（13）已知 int a；表达式(a=4*5, a*2), a+6 的值是（　　）。

（14）已知 int x,a；计算表达式①后 x 的值为（　　）;计算表达式②后 x 的值为（　　）。

① x=(a=4,6*2)　　　　② x=a=4,6*2

（15）写出代数式 $\frac{a+b}{ab}$ 的两种 C 语言表达式形式（　　）或（　　）。

（16）在 C 语言中，逻辑量“真”用（　　）表示，逻辑量“假”用（　　）表示。

（17）C 语言的关系运算符有(　　), 逻辑运算符有(　　)。

（18）关系运算符中的优先级别较高的是（　　）。

（19）关系运算符和逻辑运算符中的优先级别最高的是（　　）。

（20）算术运算符中优先级别较高的是（　　）。

（21）已知 a 为真,b 为假,以下逻辑表达式的值分别是：

① a&&b　　　　　　　　（　　）

② !(a || b)&&a　　　　　（　　）

③ !a || b　　　　　　　　（　　）

④ (a&&!b) || (b&&!a)　　（　　）

（22）已知 int a,b,c; a 或者 b 两个中间有一个小于 c 的表达式是（　　）。

（23）已知 int a,b,c; a、b、c 中有两个小于 0 的表达式是（　　）。

（24）代数不等式 0<=x<=100 或 x<-100 的表达式是（　　）。

（25）三角形的三个边的长度用 a,b,c 表示，那么判断它是等边三角形的逻辑表达式为（　　），判断它是等腰三角形的逻辑表达式为（　　）。

（26）设 y 是 int 型变量，请写出判断 y 为奇数的关系表达式（　）。

（27）已知 int x=5,y=6,z=1，下列表达式值是：

① x+y && z　　（　　）

② x+y>8 && x-y>1　　（　　）

③ x+y>8 || x-y>1　　（　　）

④ z= =y>0　　（　　）

⑤ ! x<z　　（　　）

（28）表达式 5>3 && 2 || 8<4 - !1 的值是（　　）。

（29）int 型、float 型和 char 型变量的输入（出）基本格式控制符分别为(　　)、(　　)和（　　）。

（30）已知 int x; 如果用 scanf("%f",x);给 x 赋值，错误的有（　　）和（　　）。

（31）通过键盘输入 int 整型变量 a,b 的 scanf()函数为（　　）。

（32）在屏幕上输出 int 整型变量 a,b 值，每个数占 5 位，则 printf()函数应为（　　）。

（33）在屏幕上输出 float 实型变量 x,y 值，每个数占 6 位,小数占 2 位，则 printf()函数应为（　　）。

2. 单项选择题

（1）下列均是不合法标识符的是（　　）。

A) A　P_0　do

B) float　1a0　_A

C) b-a　goto　int

D)_123　temp　INT

（2）下列均是合法整型常量的是（　　）。

A) 160　-0xffff　011

B)-0xcdf　01a　0xe

C) -01　968　0668

D)-0x48a　2e5　0x

（3）下列均是合法实型常量的是（　　）。

A) +1e+1　5e-9.4　03e2

B)-.60　12e-4　-8e5

C)123e　1.2e-.4　+2e-1

D)-e3　.8e-4　5.e-0

（4）下列均是合法转义字符的是（　　）。

A) '\"'　'\\'　'\n'

B) '\'　'\017'　'\"'

C) '\018'　'\f'　'\xab'

D) '\\0'　'\101'　'\x1f'

（5）以下变量名中合法的是（　　）。

A）lei　B）y+x　C）minx.　D）aax*

（6）以下变量名中不合法的是（　　）。

A） aaa　　B）ax1　　C）9xx　　4）max_2

（7）下列变量定义及初始化合法的是（　　）。

A) short _a=128;　　B) double　b=1+5e2.5;

C) long　do=0xfdaL;　　D) float　2_and=1-e-3;

（8）在C语言程序中所用的变量使用原则是（　　）。

A）可以不定义　　B）先定义后使用　　C）随时定义随时用　　D) 其他

（9）以下正确的字符常量是（　　）。

A）"x"　　B）'W'　　C）" "　　D）'XYZ'

（10）以下不正确的字符串常量是（　　）。

A）"x"　　B）"ABC"　　C）'ABC'　　D）"1"

（11）已知字母A的ASCII码为十进制的65，下面程序的输出是（　　）。

```
main()
{ char ch1,ch2;
ch1='A'+'5'-'3';
ch2='A'+'6'-'3';
printf("%d,%c\n",ch1,ch2);}
```

A) 67,D　　B) B,C　　C) C,D　　D) 66,C

（12）下列程序执行后的输出结果是（　　）。

```
main()
{   int x='f';
    printf("%c \n",'A'+(x-'a'+1));
  }
```

A) G　　B) H　　C) I　　D) J

（13）语句 printf("a\bre\'hi\'y\\\bou\n");的输出结果是（　　）。

A) re\'hi\'y\\\bou　　B) re\'hi\'y\bou

C) re'hi'you　　D) abre'hi'y\bou

（14）请读程序段：

```
int i=65536;
printf("%d\n",i);
```

上面程序段的输出结果是（　　）。

A) 65536　　B)　0

C) 有语法错误，无输出结果　　D) -1

（15）在C语言的算术运算符中只能用于整型数的运算符是（　　）。

A）++　　B）/　　C）%　　D）*

（16）已知 int a=5,y; y=a++;　问 a=?，y=?（　　）。

A）a=6 ，　y=5　　B）a=6 ，　y=6

C）a=6 ，　y=7　　D）a=5 ，　y=6

（17）已知 int k,a,b; unsigned long w=5; double x=1.42; 则下面不符合C语言语法的表达式是（　　）。

A) x%(-3)　　B) w+=-2　　C) k=(a=2,b=3,a+b)　　D) a+=a-=(b=4)*(a=3)

（18）已知 int a=7;float x=2.5,y=4.7;则表达式 x+a%3*(int)(x+y)%2 / 4 的值是（　　）。

A) 2.5　　B) 2.75　　C) 3.5　　D) 0

（19）已知 int a,b=5; 给 a 提供数据的错误语句是（　　）。

A）10+2=a;　　B）scanf("%d",&a);

C）a=(b+6)/3;　　D）a='c';

（20）设有说明：char w; int x; float y; double z; 则表达式 w*x+z-y 值的数据类型为（　　）。

A) float　　B) char　　C) int　　D) double

（21）设以下变量均为 int 类型，则值不等于 7 的表达式是（　　）。

A) (x=y=6, x+y, x+1)　　B) (x=y=6, x+y, y+1)

C) (x=6, x+1, y=6, x+y)　　D) (y=6, y+1, x=y, x+1)

（22）若有代数式 $\frac{3ae}{bc}$ ，则不正确的 C 语言表达式是（　　）。

A) a / b / c*e*3　　B) 3*a*e / b / c

C) 3*a*e / b*c　　D) a*e / c / b*3

（23）以下程序的输出结果是（　　）。

```
# include<stdio.h>
main()
{ int a,b,d=241;
   a=d/100%9;
   b=(-1)*(-1);
    printf("%d,%d\n",a,b);
 }
```

A) 6,1　　B) 2,1　　C) 6,0　　D) 2,0

（24）下列程序的输出结果是（　　）。

```
main()
{ double d=3.2; int x,y;
   x=1.2; y=(x+3.8)/5.0;
   printf("%d\n", d*y);
   }
```

A) 3　　B) 3.2　　C) 0　　D) 3.07

（25）在下列选项中，不正确的赋值语句是（　　）。

A) ++t;　　B) n1=(n2=(n3=0));

C) k=i= =j;　　D) b+c=1;

（26）下面程序的输出是（　　）。

```
main()
{   int x=10,y=3;
 printf("%d\n",y=x/y);
  }
```

A) 0　　B) 1　　C) 3　　D) 不确定的值

（27）下面程序的运行结果是（　　）。

```
main()
{ int a=12,b=12;
  printf("%d,%d\n",a--,b++);
}
```

A) 11,12　　B) 12,11　　C) 12,12　　D) 11,11

（28）以下程序的输出结果是（　　）。

```
main( )
{   int a=12，b=12;
  printf("%d %d\n"，--a，++b);
}
```

A) 10 10　　B) 12 12　　C) 11 10　　D) 11 13

（29）设有 int x=11; 则表达式 (x++ * 1/3) 的值是（　　）。

A) 3　　B) 4　　C) 11　　D) 12

（30）设有 int x=10;执行语句 x+=x-=x-x;后,x 的值为（　　）。

A)10　　B)20　　C)40　　D)30

（31）设 x、y、z 和 k 都是 int 型变量，则执行表达式：x=(y=4，z=16，k=32)后，x 的值为（　　）。

A) 4　　B) 16　　C) 32　　D) 52

（32）若 x 和 y 都是 int 型变量，x=100，y=200，且有下面的程序片段：

```
printf("%d",(x,y));
```

上面程序片段的输出结果是（　　）。

A) 200　　B) 100

C) 100 200　　D) 输出格式符不够，输出不确定的值

（33）设 x 和 y 均为 int 型变量，则以下语句：x+=y;y=x-y;x-=y;的功能是（　　）。

A)把 x 和 y 按从大到小排列

B)把 x 和 y 按从小到大排列

C)无确定结果

D)交换 x 和 y 中的值

（34）在 C 语言中，>=运算符是（　　）。

A）算术运算符　　B）关系运算符　　C）逻辑运算符　　D）其他

（35）下列运算符中，优先顺序的级别最高的是（　　）。

A）!　　B）&&　　C）+　　D）||

（36）下列运算符中，优先顺序的级别最低的是（　　）。

A）!　　B）&&　　C）+　　D）||

（37）已知 int a=2,b=5; 则表达式 a+5>b+3 的值是（　　）。

A）0　　B）1　　C）不确定　　D）表达式错误

（38）设 x,y,z,t 均为 int 型变量,则执行以下语句后,t 的值为（　　）。

```
x=y=z=1;t=++x || ++y&&++z;
```

A) 不定值　　B) 2　　C) 1　　D) 0

（39）表示 a 不等于 0 的关系,则能正确表示这一关系的表达式为（ ）。

A) a< >0　　B) !a　　C) a=0　　D) a!=0

（40）能正确表示 a≥10 或 a≤0 的关系表达式是（ ）。

A) a>=10 or a<=0　　B) a>=10 | a<=0

C) a>=10 ‖ a<=0　　D) a>=10&&a<=0

（41）设 int x=1, y=1; 表达式(!x ‖ y--)的值是（ ）。

A) 0　　B) 1　　C) 2　　D) –1

（42）能正确表示 a 和 b 同时为正或同时为负的逻辑表达式是（ ）。

A) (a>=0 ‖ b>=0)&&(a<0 ‖ b<0)

B) (a>=0&&b>=0)&&(a<0&&b<0)

C) (a+b>0)&&(a+b<=0)

D) a*b>0

（43）使用 scanf（ ）函数给字符变量输入数据的格式符为（ ）。

A） %f　　B） %u　　C） %o　　D） %c

（44）下列程序执行后的输出结果是（ ）。

```
main()
{ double d;   float f;   long g;   int i;
  i=f =g =d=20/3;
  printf("%d   %ld   %.1f   %.1f \n", i,g,f,d);
}
```

A) 6　6　6.0　6.0　　B) 6　6　6.7　6.7

C) 6　6　6.0　6.7　　D) 6　6　6.7　6.0

（45）执行下列程序时输入:123<空格>456<空格>789<回车>,输出结果是（ ）。

```
main()
{   char s[100];
int   c, i;
scanf("%c",&c);
scanf("%d",&i);
scanf("%s",s);
printf("%c,%d,%s \n",c,i,s);
}
```

A) 123,456,789　　B) 1,456,789

C) 1,23,456,789　　D) 1,23,456

（46）以下程序的输出结果是（ ）。

```
main( )
{ int k=17;
  printf("%d，%o，%x \n"，k，k，k);
```

```
}
```

A) 17，021，0x11　　B) 17，17，17

B) 17，0x11，021　　D) 17，21，11

（47）已知如下定义和输入语句，若要求 a1,a2,c1,c2 的值分别为 10,20,A,B,当从第一列开始输入数据时，正确的数据输入方式是（　　）（此处˽代表空格）。

```
int a1,a2; char c1,c2;
scanf("%d%d",&a1,&a2);
scanf("%c%c",&c1,&c2);
```

A) 1020AB<回车>

B) 10˽20<回车>
AB<回车>

C) 10˽˽20˽˽AB<回车>

D) 10˽20AB<回车>

（48）根据定义和数据的输入方式，输入语句的正确形式为（　　）。

已有定义：float f1,f2

数据的输入方式：4.52
3.5

A) scanf("%f,%f",&f1,&f2)

B) scanf("%f%f",&f1,&f2)

C) scanf("%3.2f　%2.1f",&f1,&f2)

D) scanf("%3.2f%2.1f",&f1,&f2)

（49）阅读下面程序，当输入数据的形式为：25，13，10<回车>，下述答案正确的是（　　）。

```
main()
{   int x,y,z;
    scanf("%d%d%d",&x,&y,&z);
    printf("%d\n",x+y+z);
    }
```

A) 运行结果是 48　　B) 运行结果是 35

C) 运行结果是 85　　D) 输入格式不正确，所以输出随机数

（50）根据题目中已给出的数据的输入和输出形式，程序中输入、输出语句的正确内容是（　　）。

```
main()
{   int x;float y;
    printf("enter x,y:");
    输入语句
     输出语句  }
```

输入形式　　enter x,y:2　3.4

输出形式　　x+y=5.40

A) scanf("%d,%f",&x,&y);

printf("\nx+y=%4.2f",x+y);

B) scanf("%d%f",&x,&y);

printf("\nx+y=%4.2f",x+y);

C) scanf("%d%f",&x,&y);

printf("\nx+y=%6.1f",x+y);

D) scanf("%d%3.1f",&x,&y);

printf("\nx+y=%4.2f",x+y);

3. 改错题

（1）int i=j=k=0;

（2）int a;　a=90000;

（3）char c;　c="y";

（4）int a,b; scanf("%D,%D",&a,&b);

（5）int a=10; float x=1.25;　printf(%f, %d, a, x);

4. 写出下列程序的运行结果

（1）main()

```
{
    int x=1, y=1;
  x=x+y; y=x+y;
  printf ("x=%d    y=%d\n",x,y);
}
```

（2）main()

```
{
  int x=7,a=2,b=2,c;
  c=x/a%b;
  printf("c=%d\n",c);
}
```

5. 编程题

（1）输入两个实数，输出它们的加、减、乘、除。

（2）输入长方形的长 a 和宽 b，输出长方形的面积 av、对角线长 s1 和周长 s2。（#include "math.h" /*用到库函数 sqrt（ ），所以要包含头 math.h */ ）

（3）输入初速和射角，计算初速为 V_0, 射角为 q 度, 重力加速度为 g=9.8 时，抛物体的射程 s=?(计算公式为 $s=2V_0^2\sin(q)\cos(q)/g$)

练习题 4

1. 填空题

（1）已知 int a=1，b=2；表达式 (a<b ? a:b)的值是（　　）。

(2）在 switch 语句中出现的 break 语句的功能是（　　）。

（3）在 do～while 循环语句中，表达式的值是（　　）时可以循环，至少循环（　　）次。

（4）当结束由 while 构成的循环时，while 后面的括号中表达式的值应为（　　）。

（5）在 for(表达式 1；表达式 2；表达式 3) 语句中，表达式(　　)的值为非 0 时可以循环。

（6）continue 语句的功能是（　　）。

（7）break 语句的功能是（　　）。

（8）以下程序的功能是在输入的一组正整数中找出其中的最大者，输入 0 结束。

```
main()
{ int a,max=0;
  scanf("%d",&a);
  while( ________ )
    { if(max<a)max=a;
      scanf("%d",&a); }
  printf("%d",max);
}
```

（9）下面程序是从键盘输入的字符中统计数字字符的个数，用换行符结束循环。

```
#include "stdio.h"
 main()
{ char c;
  int   n=0;
  c=getchar( );
  while(___________ )
  { if(______________)   n++;
    c=getchar( );
  }
```

（10）for(a=0,b=0;b!=100&&a<5;a++)

scanf("%d",&b);问 scanf 最少可执行（　　）次，最多可执行（　　）次。

（11）鸡和兔共有 30 只，脚共有 90 个，下面程序段是计算鸡和兔各有多少只。

```
for(x=1; x<=29; x++)
  { y=30-x;
```

```
if(  ________  ) printf("%d,%d", x, y);}
```

（12）下面程序的功能是计算 1-3+5-7+…-99+101 的值。

```
main( )
{int  i, t=1, s=0;
 for(i=1; i<=101; i+=2)
  {  s=s+t*i;  ________ ; }
 printf("%d",s);}
```

（13）下面程序的功能是从键盘输入的 10 个整数中，找出第一个能被 7 整除的数。若找到，打印此数后退出循环。

```
main( )
{int  i,a;
 for(i=1; i<=10; i++)
   {scanf("%d", &a);
    if(a%7= =0) {printf("%d",a);  ________ ;}
   }
 }
```

2. 单项选择题

（1）C 语言中用（　）符号构成复合语句。

A)（ ）　B）[ ]　C）{ }　D）" "

（2）下面程序的输出是（　　）。

```
main()
{ int a=10, b=20, c=30, max;
if(a<b)
   {if(b<c)  max=c;
     else  max=b;}
 else
  {if(a>c)  max=a;
     else   max=c;}
 printf("%d\n",max);
 }
```

A) 10　B) 20　C) 30　D) 不确定的值

（3）当 a=1，b=3，c=5，d=4 时，执行下面一段程序后，x 的值为（　　）。

```
if(a<b)
   if(c<d)x=1;
   else  if(a<c)
            if(b<d)x=2;
            else x=3;
         else x=6;
else x=7;
```

A) 1　B) 2　C) 3　D) 6

（4）与 y=(x>0?1:x<0?-1:0);的功能相同的 if 语句是（　　）。

```
A) if (x>0) y=1;
     else if(x<0) y=-1;
             else  y=0;
B) if(x)
       if(x>0)y=1;
       else if(x<0)y=-1;
             else y=0;
C) y=-1;
       if(x)
          if(x>0)y=1;
          else if(x= =0) y=0;
            else y=-1;
D) y=0;
       if(x>=0)
         if(x>0) y=1;
          else y=-1;
```

（5）设 a=1,b=2,c=3,d=4,则表达式 a<b?a:c<d?c:d 的结果为（　　）。

A)4　　B)3　　C)2　　D)1

（6） 以下程序运行的结果是（　　）。

```
main()
{int x=12,y;
 y=x>12 ? x+10 : x-12;
 printf("y=%d\n",y); }
```

A）y=0　　B） y=22　　C） y=12　　D） y=10

（7）在 switch 语句中 case 后面可以是（　　）。

A）关系表达式　　B）逻辑表达式　　C）常量表达式　　D）其他表达式

（8）已知整型变量 k 的值为 3，下面程序段执行的结果是（　　）。

```
switch(k)
{ case 1:putchar('A');
  case 2:putchar('B');
  case 3:putchar('C');
  case 4:putchar('D');
  default:putchar('E');
  }
```

A） CDE　　B） C　　C） ABC　　D） ABCD

（9）以下关于循环语句中循环体的正确叙述是（　　）。

A）必须是单语句　　B）不能是空语句

C）必须是复合语句　　D）可以是复合语句、单语句或空语句

（10）已知：int i; for(i=0; i<=10;i++);如果表达式 i=0 缺省，那么完成该表达式功能的语

句可以（　　）。

A）放在 for 语句的前面　　B）放在循环体中

C）放在 for 语句的后面　　D）放在程序的任何地方

（11）以下叙述正确的是（　　）。

A) do～while 语句构成的循环不能用其他语句构成的循环来代替

B) do～while 语句构成的循环只能用 break 语句退出

C) 用 do～while 语句构成的循环,在 while 后的表达式为非零时结束循环

D) 用 do～while 语句构成的循环,在 while 后的表达式为零时结束循环

（12）运行以下程序后输出为（　　）。

```
main()
{ int n=0;
  while(n<=2)
  { printf("%3d",n);
    n++; }
  }
```

A）1　　B）0　1　2　　C）1　2　3　　D）1　2　3　4

（13）以下程序段的执行结果是（　　）。

```
int  a, y;
  a=10; y=0;
  do
  { a+=2; y+=a;
    printf("a=%d y=%d\n",a,y);
    if(y>20) break;
  } while(a=14);
```

A) a=12 y=12
a=14 y=16
a=16 y=20
a=18 y=24

B) a=12 y=12
a=16 y=28

C) a=12 y=12

D) a=12 y=12
a=14 y=26
a=14 y=44

（14）以下程序段运行输出的结果为（　　）。

```
for(i=1;i<=3;i++)
  printf("ok");
```

A） ok　　B）okok　　C）okokok　　D）其他

（15）已知以下程序段，输出的结果是（　　）。

```
int s=7;
while(--s)
  s=s-2;
printf("s=%d\n",s);
```

A） s=1　　B） s=2　　C） s=0　　D） s=-2

（16）以下程序段输出的结果是（　　）。

```
a=-1;
```

```
do
{ a=a*a;}while(!a);
```

A) 循环一次　B) 循环两次　C) 死循环　D) 有语法错误

（17）以下可以正确计算 s=1*2*3*4*5 的程序段是（　）。

A）
```
for(i=1;i<=5;i++)
{ s=1;
s=s*i;}
```
B）
```
for(i=1;i<=5;i++)
{ s=0;
s=s*i;}
```
C）
```
s=1;
for(i=1;i<=5;i++)
s=s*i;
```
D）
```
s=0;
for(i=1;i<=5;i++)
s=s*i;
```

（18）以下程序段执行的情况是（　）。

```
for(i=1;i<=100;i++)
{ scanf("%d",&x);
  if(x<0)continue;
  printf("%d",x);
}
```

A）当 x<0 时整个循环结束　B）x>=0 时什么也不输出

C）printf()不能执行　D）最多允许输出 100 个非负整数

（19）以下程序段执行的情况是（　）。

```
main()
{ int k=10;
  while(k= =0)
  { k=k-1;
    printf("k=%d",k);}
}
```

A）循环 10 次　B）while 构成无限循环

C）一次也不循环　D）循环一次

（20）以下程序段执行的情况是（　）。

```
main()
{ int k=2;
  while( k!=0)
  { printf("k=%d",k);
    k--; }
}
```

A）循环无限次　B）循环 2 次　C）循环 0 次　D）循环 1 次

（21）在下列选项中，没有构成死循环的程序段是（　）。

A)
```
int i=100;
while (1)
{i=i%100+1;
```
B) for(;;);

C)
```
int k=1000;
do{++k;}
while (k>=1000);
```
D)
```
int s=36;
While(s);
--s;
```

```
        if(i>100)
        break;
    }
```

（22）执行语句 for(i=1;i+ +<4;);后,变量 i 的值是（　　）。

A) 3　　B) 4　　C) 5　　D) 不定值

（23）下面程序是从键盘输入学号，然后输出学号中百位数字是 3 的学号，输入 0 时结束循环。

```
main( )
{long int num;
 scanf("%ld",&num);
 do{ if(   【1】   ) printf("%ld",num);
     scanf("%ld",&num);
   }while(   【2】   );
 }
```

【1】 A)num%100/10= =3　　B)num/100%10= =3

C)num%10/10= =3　　D)num/10%10= =3

【2】 A)!num　　B)num>0= =0　　C)!num= =0　　D)!num!=0

3. 改错题

（1）用以下程序段表示：如果 a>b 则 c=0，否则 c=1。

```
int a=1,b=2,c;
if（a>b）; c=0;
else c=1;
```

（2）用以下程序段表示：如果 a>b，那么将 a、b 的值交换。

```
int a,b,c;
scanf("%d,%d",&a,&b);
if(a>b)
 c=a; a=b; b=c;
```

（3）如果用下列语句来实现 s=1+2+3+4+5。

```
s=0;
for(i=1, i<=5, i+ +);   s=s+i;
```

（4）如果用下列语句来实现 s=1*2*3*4*5。

```
s=0;
for(i=1; i<=5; i+ +)   s=s*i;
```

4. 写出下列程序的运行结果

（1）main()

```
  {
int a=1, b=2, c=3;
if(a>c)
{b=a; a=c; c=b; }
```

```
    printf("a=%d    b=%d    c=%d\n",a,b,c);
  }
（2）main()
    {
      int a=3,b=2,c=1;
     if(a>b) a=b;
     if(b>c) b=c;
     else c=b; c=a;
      printf("a=%d    b=%d    c=%d\n",a,b,c);
    }
（3）main()
   {
   int x=2,y=3,z;
   z=x;
   if(x>y) z=1;
   else if(x= =y) z=0;
   else z=-1;
    printf("z=%d\n",z);
    }
（4）main()
   {
      int a=10,b=5,x;
    x=a<b?b:a;
    printf("x=%d\n",x);
    }
（5）main()
    {
      int x=1, y=1, i=1;
      do
        { x=x+y  ;   y=x+y  ;  i+ +;
          printf ("x=%d   y=%d\n", x, y);
        } while(i<=3);
      }
（6）main()
    { int   x=2, y=6, i;
      for(i=x; i<=y ; i+ +)
      printf("i=%d\t",i);
    }
（7）main()
```

```
  { int x,y;
    for(y=1,x=1;y<=50;y+ +)
      { if(x>=10)break;
          x+=3;   }
    printf("x=%d,y=%d\n",x,y);
    }
```

(8) main()

```
    {   int   x=1,y=0;
        switch(x)
        { case 1:   switch(y)
                 { case 0:printf("**1**\n");break;
                   case 1:printf("**2**\n");break;
                   }
         case 2:   printf("**3**\n");
         }
    }
```

(9) main()

```
    {
     int i, sum=0;
     for(i=0; i<3; i+ +)
     printf("%d %d\n",i ,sum+=i);
     }
```

(10) main()

```
      {
        int   i;
        for(i=1; i<=5; i+ +)
              {if( i%2 )     printf("*");
               else      printf("#"); }
            printf("$\n");
  }
```

(11) main()

```
    {
      int   i;
      for(i=1; i<=5; i+ +)
         switch( i%2 )
           {case 0: printf("#");break;
           case 1: printf("*");
           default:printf("$");}
      }
```

5．编程题

（1）一种商品的单价为 2.85 元，购买 10 件以上优惠 5%，购买 100 件以上优惠 10%，输入购买件数，输出应收的货款数。

（2）用条件运算符编写程序，功能是输出三个数中最小的。

（3）输入考试成绩，80~100 分输出评语 very good!，60~79 分输出评语 good!，40~59 分输出评语 fair，0~39 分输出评语 poor。

（4）用 switch 语句编写程序，功能是输入考试成绩，90 分以上为 A，80~89 分为 B，70~79 分为 C，60~69 分为 D，60 分以下为 E。

（5）逐个输入 n 个学生的两门课成绩，统计有一门课不及格的人数和两门课不及格的人数各是多少。

（6）逐个输入整型数 x，分别统计其中的正整数有多少个，负整数有多少个，如果输入的数为 0，则停止输入，计算正整数和负整数的平均值是多少。

（7）编写程序：功能是按如下方式收费：重量不超过 50 公斤的，每公斤运费 1.5 元，超过 50 公斤的，其超过部分每公斤加收 0.6 元。输出一份重量与运费的对照表，重量从 5 公斤到 150 公斤，每 5 公斤输出一次。

（8）输入 30 个学生的 5 门课的成绩，分别统计每个学生的平均成绩。

练 习 题 5

1. 填空题

（1）函数定义（　　）(可以或不可以)嵌套,函数调用（　　）(可以或不可以)嵌套。

（2）函数中未指定存储类别的局部变量,其隐含的存储类别为（　　）。

2. 单项选择题

（1）以下说法中正确的是（　　）。

A) 实参和与其对应的形参各占用独立的存储单元

B) 实参和与其对应的形参共占用一个存储单元

C) 只有当实参和与其对应的形参同名时才共占用存储单元

D) 形参是虚拟的,不占用存储单元

（2）以下正确的说法是（　　）。

A) 定义函数后,形参的类型说明可以放在函数体内

B) return 后面的值不能为表达式

C) 如果函数值的类型与返回值类型不一致,以函数值类型为准

D) 如果形参与实参的类型不一致,以实参类型为准

（3）函数返回值的类型由（　　）。

A) 语句中的表达式类型所决定　　B) 调用该函数时的主调函数类型所决定

C) 调用该函数时系统临时决定　　D) 在定义该函数时所指定的函数类型所决定

（4）关于函数调用，以下说法中错误的是（　　）。

A) 函数调用可以出现在执行语句中

B) 函数调用可以出现在一个表达式中

C) 函数调用可以作为一个函数的实参

D) 函数调用可以作为一个函数的形参

（5）以下对函数首部的定义正确的是（　　）。

A) double fun(int x,int y)　　B) double fun(int x;int y)

C) double fun(int x,int y);　　D) double fun(int x,y);

（6）以下各选项中正确的函数定义是（　　）。

A) double fun(int x,int y)
```
{   z=x+y; return z;   }
```

B) fun(int x,y)
```
{ int z;
return z; }
```

C) fun(x,y)

```
    { int x,y;double z;
    z=x+y; return z;}
D) double fun(int x,int y)
    { double z;
    z=x+y; return z; }
```

（7）以下说法中正确的是（　　）。

A) C语言程序总是从第一个函数开始执行

B) 在C语言程序中,要调用的函数必须在main()函数中定义

C) C语言程序总是从main()函数开始执行

D) C语言程序中的main()函数必须放在程序的开始部分

（8）以下叙述中不正确的是（　　）。

A) 在不同的函数中可以使用相同名字的变量

B) 函数中的形式参数是局部变量

C) 在一个函数内定义的变量只在本函数范围内有效

D) 在一个函数内的复合语句中定义的变量在本函数范围内都有效

（9）若有以下函数调用语句： fun(a+b,(x,y),(a,b));

在此函数调用语句中实参的个数是（　　）。

A）3　　B）4　　C）5　　D）6

（10）在调用函数时，如果实参是简单变量，它与对应形参之间的数据传递方式是（　　）。

A) 地址传递　　B) 单向值传递

C) 由实参传给形参，再由形参传回实参　　D) 传递方式由用户指定

（11）以下对C语言函数的有关描述中，正确的是(　　)。

A) 在C语言中，调用函数时，只能把实参的值传送给形参，形参的值不能传送给实参

B) C语言函数既可以嵌套定义又可以递归调用

C) 函数必须有返回值，否则不能使用函数

D) C语言程序中有调用关系的所有函数必须放在同一个源程序文件中

（12）以下函数值的类型是（　　）。

```
fun ( float x )
{ float y;
  y=3*x-4;
  return y;
}
```

A) int　　B) 不确定　　C) void　　D) float

（13）设有以下函数：

```
f ( int a)
{ int b=0;
   static int c=3;
   b++; c++;
   return(a+b+c);
```

```
}
```

如果在下面的程序中调用该函数，则输出结果是（ ）。

```
main()
{ int a=2, i;
  for(i=0;i<3;i++) printf("%d\n",f(a));
}
```

A) 7　　B) 7　　C) 7　　D) 7
　8　　　9　　　10　　　7
　9　　　11　　　13　　　7

（14）下面程序的输出结果是（　　）。

```
#include"stdio.h"
int func( int a, int b)
{ int c;
  c=a+b;
  return c;
}
main()
{ int x=6, y=7, z=8, r;
  r=func((x--,y++,x+y),z);
  printf("%d\n",r);
}
```

A) 11　　B) 20　　C) 21　　D) 31

（15）下面程序的输出结果是（　　）。

```
int fun3(int x)
{ static int a=3;
  a+=x;
  return(a);}
main()
{ int k=2, m=1, n;
  n=fun3(k);
  n=fun3(m);
  printf("%d\n",n);}
```

A) 3　　B) 4　　C) 6　　D) 9

（16）以下叙述中不正确的是(　　)。

A) 在C语言中，函数中的自动变量可以赋初值，每调用一次，赋一次初值

B) 在C语言中，在调用函数时，实际参数和对应形参在类型上只需赋值兼容

C) 在C语言中，外部变量的隐含类别是自动存储类别

D) 在C语言中，函数形参可以说明为register变量

（17）在C语言中，函数值类型的定义可以缺省，此时函数值的隐含类型是（　）。

A) void　　B) int　　C) float　　D) double

（18）有以下程序：

```
float fun(int x,int y)
{ return(x+y); }
main( )
{ int a=2,b=5,c=8;
  printf("%3.0f\n",fun((int)fun(a+c,b),a-c));
}
```

程序运行后的输出结果是（　　）。

A) 8　　B) 9　　C) 7　　D) 6

（19）有以下程序：

```
int f(int n)
{ if (n= =1) return 1;
  else return f(n-1)+1;
}
main( )
{ int i,j=0;
   for(i=1;i<3;i++) j+=f(i);
   printf("%d\n",j);
}
```

程序运行后的输出结果是（　　）。

A) 4　　B) 3　　C) 2　　D) 1

（20）有以下程序：

```
void f(int x,int y)
{ int t;
  if(x<y){ t=x; x=y; y=t; }
}
main( )
{ int a=4,b=3,c=5;
  f(a,b); f(a,c); f(b,c);
  printf("%d,%d,%d\n",a,b,c);
}
```

执行后输出的结果是（　　）。

A) 3,4,5　　B) 5,3,4　　C) 5,4,3　　D) 4,3,5

（21）以下叙述中正确的是（　　）。

A) 全局变量的作用域一定比局部变量的作用域范围大

B) 静态（static）类别变量的生存期贯穿于整个程序的运行期间

C) 函数的形参都属于全局变量

D) 未在定义语句中赋初值的auto变量和static变量的初值都是随机值

3. 写出下列程序的运行结果

（1）void num()

```
{ extern int x,y;
  int a=15,b=10;
 x=a-b;    y=a+b;
}
int x,y;
main()
{  int  a=7,b=5;
   x=a+b;  y=a-b;
   num();
   printf("%d,%d\n",x,y);
}
```

（2）

```
int func(int a,int b)
{ static int m=0,i=2;
  i+=m+1;
  m=i+a+b;
 return m;
}
main()
{ int k=4,m=1,p;
 p=func(k,m);   printf("%d，",p);
 p=func(k.m);   printf("%d\n",p);
}
```

练 习 题 6

1. 填空题

（1）已知 int a[10]；占用内存（　　）个字节的存储单元，代表它们的首地址是（　）。

（2）已知 int x[10]；那么数组 x 的最大下标为（　　）、最小下标是（　　）、数组元素的个数是（　　）、数组 x 存储单元首地址是（　　）。

（3）将 str 定义为字符数组并初始化为“Lei”的语句是（　　　）。

（4）已知 int a[]={0,1,2,3,4,5}；它的最大下标是（　　）。

（5）在一维数组中，元素的数据类型是否可以不同（　　）。

（6）若已定义：int a[10], i;，以下 fun 函数的功能是：在第一个循环中给前 10 个数组元素依次赋 1、2、3、4、5、6、7、8、9、10；在第二个循环中使 a 数组前 10 个元素中的值对称折叠，变成 1、2、3、4、5、5、4、3、2、1。请填空。

```
fun( int a[ ])
{ int i;
for(i=1; i<=10; i++)    ( ________ ) =i;
for(i=0; i<5; i++)      (__________ ) =a[i];
}
```

2. 单项选择题

（1）已知 int a[10]；对数组元素正确引用的是（　　）。

A）a（9）　　B）a[9]　　C）a[10]　　D）a[3.5]

（2）以下对数组的初始化正确的是（　　）。

A）int x[5]={0,1,2,3,4,5};　　B）int x[]={0,1,2,3,4,5};

C）int x[5]={0.0};　　D）int x[]=(0,1,2,3,4,5);

（3）以下对数组的定义正确的是（　　）。

A）int x(10);　　B）int x[ ];

C）int n=10; x[n];　　D）int x[10];

（4）以下对二维数组的正确定义是（　　）。

A）int a[3][ ];　　B）float a(3,4);

C）double a[1][4];　　D）float a(3)(4);

（5）若有说明：　int a[3][4]; 则对该数组元素正确引用的是（　　）。

A）a[2][4]　　B）a[1,3]　　C）a[1+1][0]　　D）a(2)(1)

（6）以下对二维整型数组初始化语句正确的是（　　）。

A) int a[2][ ]={{1,0,1},{5,2,3}};

B) int a[ ][3]={{1,2,3},{4,5,6}};

C) int a[2][4]={{1,2,3},{4,5},{6}};

D) int a[ ][3]={{1,0,1}{ },{1,1}};

（7）下面程序有错误的行号是(　　　)。

A）　main( )

B）　{ float a[10]={0.0};

C）　　int i;

D）　　for(i=0;i<3;i++)　scanf("%d",&a[i]);

E）　　for(i=1;i<10;i++)　a[0]=a[0]+a[i];

F）　　printf("%f\n",a[0]);　}

（8）判断两个字符串 str1，str2 是否相等应用（　　）。

A）if(str1= =str2)　　　　B）if(if(str1=str2))

C）if(strcpy(str1,str2))　　D）if(strcmp(str1,str2)= =0)

（9）设有数组定义: char array [ ]="China"; 则数组 array 所占的空间为（　　）。

A) 4 个字节　　B) 5 个字节　　C) 6 个字节　　D) 7 个字节

（10）下面程序的运行结果是（　　）。

```
main( )
{  int a[6],i;
   for(i=1;i<6;i++)
     { a[i]=9*(i-2+4*(i>3))%5;
       printf("%2d",a[i]);   }
}
```

A) -4　0　4　0　4　　B) -4　0　4　0　3

C) -4　0　4　4　3　　D) -4　0　4　4　0

（11）下面是对 s 的初始化,其中不正确的是（　　）。

A) char s[5]={ "abc"};　　B) char s[5]={ 'a', 'b', 'c'};

C) char s[5]= " ";　　D) char s[5]= "abcdef ";

（12）下面程序段的运行结果是（　　）。

```
char c[5]={ 'a', 'b', '\0', 'c', '\0'};
printf("%s",c);
```

A) 'a' 'b'　　B)ab　　C) ab　c　　D)abc

（13）对两个数组进行如下初始化:

```
char a[ ]= "ABCDEF";
char b[ ]={ 'A', 'B', 'C', 'D', 'E', 'F'};
```

以下正确的是（　　）。

A) a 与 b 数组完全相同　　B) a 与 b 长度相同

C) a 与 b 中都存放字符串　　D) a 比 b 长度长

（14）定义如下变量和数组:

```
int i;
int x[3][3]={1,2,3,4,5,6,7,8,9};
```

则下面语句的输出结果是（　　）。

for(i=0;i<3;i++) printf("%2d",x[i][2-i]);

A) 1 5 9　　B) 1 4 7　　C) 3 5 7　　D) 3 6 9

（15）执行下面的程序段后，变量 k 中的值为（　　）。

int　k=3, s[2];

s[0]=k;　k=s[1]*10;

A) 不定值　　B) 33　　C) 30　　D) 10

（16）不能把字符串:Hello!赋给数组 b 的语句是（　　）。

A) char b[10]={ 'H','e','l','l','o','!'};

B) char b[10];b="Hello!";

C) char b[10];strcpy(b,"Hello!");

D) char b[10]="Hello!";

（17）下面程序段的运行结果是（　　）。

char a[7]="abcdef";　char b[4]="ABC";

strcpy(a,b);　printf("%c",a[5]);

A)␣　　B)\0　　C) e　　D) f

（18）判断字符串 s1 是否大于 s2，应当使用（　　）。

A) if(s1>s2)　　B) if(strcmp(s1>s2))

C) if(strcmp(s2,s1)>0)　　D) if(strcmp(s1,s2)>0)

（19）以下对字符数组的描述错误的是（　　）。

A)字符数组可以存放字符串

B)字符数组的字符串可以整体输入、输出

C)可以在赋值语句中通过赋值运算符“=”对字符数组进行整体赋值

D)不可以用关系运算符对字符数组中的字符串进行比较

（20）函数调用：strcat(strcpy(str1,str2)，str3)的功能是(　　)。

A)将串 str1 复制到串 str2 中后再连接到串 str3 之后

B)将串 str1 连接到串 str2 之后再复制到串 str3 之后

C)将串 str2 复制到串 str1 中后再将串 str3 连接到串 str1 之后

D)将串 str2 连接到串 str1 之后再将串 str1 复制到串 str3 中

（21）下面程序的运行结果是（　　）。

```
main( )
  {   char ch[7]={"12ab56"};        int i,s=0;
      for(i=0;ch[i]>= '0'&&ch[i]<= '9';i++)
        s=10*s+ch[i]-'0';
      printf("%d\n",s);
  }
```

A)12　　B)1256　　C)12ab56　　D)1

（22）设有　static char str[ ]="Beijing";

则执行　printf("%d\n", strlen(strcpy(str,"China")));

后的显示结果为（　　）。

A) 5　　B) 7　　C) 12　　D) 14

（23）下列程序执行后的输出结果是（　　）。

```
void func1(int i);
void func2(int i);
char st[]="hello,friend!";
void func1(int  i)
{
    printf("%c",st[i]);
    if(i<3){i+=2;func2(i);}
}
void func2(int  i)
{
  printf("%c",st[i]);
  if(i<3){i+=2;func1(i);}
}
main()
{
   int i=0;
   func1(i);
    printf("\n");}
```

A) hello　　B) hel　　C) hlo　　D) hlm

（24）以下程序中函数sort的功能是对a所指数组中的数据进行由大到小的排序

```
void sort(int a[],int n)
{ int i,j,t;
  for(i=0;i<n-1;i++)
  for(j=i+1;j<n;j++)
  if(a[i]<a[j]) {t=a[i];a[i]=a[j];a[j]=t;}
 }
 main()
 {int aa[10]={1,2,3,4,5,6,7,8,9,10},i;
   sort(&aa[3],5);
   for(i=0;i<10;i++) printf("%d,",aa[i]);
   printf("\n");
 }
```

程序运行后的输出结果是（　　）。

A) 1,2,3,4,5,6,7,8,9,10,

B) 10,9,8,7,6,5,4,3,2,1,

C) 1,2,3,8,7,6,5,4,9,10,

D) 1,2,10,9,8,7,6,5,4,3,

（25）有以下程序：

```
main()
```

```
{char a[]={'a','b','c','d','e','f','g','h','\0'};
 int i,j;
i=sizeof(a); j=strlen(a);
printf("%d,%d\n",i,j);
}
```

程序运行后的输出结果是（　　）。

A) 9,9　　B) 8,9　　C) 1,8　　D) 9,8

（26）有以下程序 ：

```
main()
{
  int aa[4][4]={{1,2,3,4},{5,6,7,8},{3,9,10,2},{4,2,9,6}};
  int i,s=0;
  for(i=0;i<4;i++) s+=aa[i][1];
  printf("%d\n",s);
}
```

程序运行后的输出结果是（　　）。

A) 11　　B) 19　　C) 13　　D) 20

（27）以下函数的功能是：通过键盘输入数据，为数组中的所有元素赋值。

```
#define N 10
void arrin(int x[N])
{
   int i=0;
   while(i<N)
   scanf("%d", _________ );
 }
```

在下划线处应填入的是（　　）。

A) x+i　　B) &x[i+1]　　C) x+(i++)　　D) &x[++i]

3. 改错题

（1）在 main()中，已有定义 int n;将数组定义为　int a[n];

（2）以下程序是给数组 a 所有元素赋值：

```
main()
{
int a[10],i;
for(i=1;i<10;i++)
scanf("%d",&a[i]);
}
```

4. 写出下列程序的运行结果

（1）main()

```
{
int a[]={1,2,3,4,5,6,7,8,9,10}, s=0, i;
```

```
    for(i=0; i<10; i++)
      if(a[i]%2= =0) s=s+a[i];
    printf("s=%d", s);
  }
```

（2）main()

```
  {
  int a[]={1,3,5,2,7};
  int b[]={5,3,9,4,6};
  int c[5],i;
  for(i=0; i<5; i++)
    c[i]=a[i]*b[i];
  for(i=0; i<5; i++)
    printf("%d    ", c[i]);
  }
```

（3）main()

```
  {
    int i,k,a[10],p[3]:
    k=5;
    for (i=0;i<10;i++) a[i]=i;
    for (i=0;i<3;i++) p[i]=a[i*(i+1)];
    for (i=0;i<3;i++) k=k+p[i];
    printf("%d\n",k);
  }
```

（4）main( )

```
  {
    int y=18， i=0， j， a[8];
    do
    { a[i]=y%2;
       i++;
       y=y/2;
    } while(y>=1);
    for(j=i-1;j>=0;j--)
    printf("%d"， a[j]);
    printf("\n");
  }
```

5. 编程题

（1）将 100 个整型数送入一维整型数组，找出其中的最小元素，并与第一个元素交换位置。输出交换以后的数组元素。

（2）输入 n 个评委的评分，计算并输出参赛选手的最后得分，计算方法为去掉一个最高分，去掉一个最低分，其余的平均分为参赛选手的最后得分。

（3）有 n 个评委评分，m 个选手参赛，计算参赛选手的最后得分，计算方法为去掉一个最高分，去掉一个最低分，其余的平均分为参赛选手的最后得分，从大到小排序输出参赛选手的最后得分。

练 习 题 7

1. 填空题

（1）设有定义：int n,*k=&n;以下语句将利用指针变量k读写变量n中的内容，请将语句补充完整。

```
scanf("%d", __________ );
printf("%d\n", ________ );
```

（2）以下函数的功能是删除字符串s中的所有数字字符，请填空。

```
viod dele(char *s)
{ int n=0,i;
   for(i=0;s[i];i++)
   if( ___________ )
   s[n++]=s[i];
   s[n]= ( ___________ );
}
```

（3）以下函数用来在 w 数组中插入 x,w 数组中的数已按由小到大顺序存放，n 所指存储单元中存放数组中数据的个数。插入后数组中的数仍有序，请填空。

```
void fun (char *w,char x,int *n)
{ int i,p;
   p=0;
   w[*n]=x;
   while (x>w[p]) ( _________ );
      for(i=*n;i>p;i--)w[i]=( ________ );
   w[p]=x;
   *n++;
}
```

（4）fun函数的功能是：首先对a所指的N行N列的矩阵，找出各行中的最大的数，再求这N个最大值中的最小的那个数作为函数值返回，请填空。

```
#include "stdio.h"
#define N 100
int fun(int(*a)[N])
{ int row,col,max,min;
   for(row=0;row<N;row++)
   {for(max=a[row][0],col=1;col<N;col++)
```

```
    if(__________) max=a[row][col];
    if(row= =0) min=max;
    else if(__________) min=max;
      }
    return min; }
```

2. 单项选择题

（1）下面程序的输出结果是（　　）。

```
int fun(int x,int y,int *cp,int *dp)
{ *cp=x+y;
  *dp=x-y;
  }
main()
{ int a,b,c,d;
  a=30;b=50;
  fun(a,b,&c,&d);
  printf("%d,%d\n",c,d);
}
```

A) 50,30　　B) 30,50　　C) 80,-20　　D) 80,20

（2）设有如下函数定义:

```
int f(char *s)
{ char *p=s;
  while(*p!='\0') p++;
  return(p-s);
 }
```

如果在主程序中用下面的语句调用上述函数,则输出结果为（　　）。

```
printf("%d\n",f("goodbye! "));
```

A) 3　　B) 6　　C) 8　　D) 0

（3）下面程序的输出结果是（　　）。

```
void prtv(int *x)
{ printf("%d\n", ++*x);
}
main()
{ int a=25;
   prtv(&a);}
```

A) 23　　B) 24　　C) 25　　D) 26

（4）下面函数的功能是（　　）。

```
int funl(char * x)
{ char * y=x;
while(*y++);
return(y-x-1);}
```

A) 求字符串的长度　　　　　　B) 比较两个字符串的大小

C) 将字符串 x 复制到字符串 y　　D) 将字符串 x 连接到字符串 y 后面

(5)设 p1 和 p2 是指向同一个 int 型一维数组的指针变量,k 为 int 型变量,则不能正确执行的语句是（　　）。

A) k=*p1+*p2;　B) p2=*k;　C) p1=p2;　D) k=*p1 *(*p2);

（6）若有说明:int i,j=7,*p=&i;则与 i=j;等价的语句是（　　）。

A) i=*p;　B) *p=*&j;　C) i=&j;　D) i=* *p;

（7）若 x 是整型变量，pb 是指向整型的指针变量，则正确的赋值表达式是（　　）。

A) pb=&x　B) pb=x;　C) *pb=&x;　D) *pb=*x

（8）已知 int a; 那么 &a 表示（　　）。

A）变量名　B）变量 a 的地址　C）变量 a 的值　D）其他

（9）若有说明：int n=2,*p=&n,*q=p;，则以下非法的赋值语句是（　　）。

A) p=q;　B) *p=*q;　C) n=*q;　D) p=n;

（10）若有说明：long int *p，a；则不能通过 scanf 语句正确给输入项读入数据的程序段是（　　）。

A)　*p=&a；　scanf("%ld"，p)；

B)　p=&a；　scanf("%ld"，p)；

C)　scanf("%ld"，p=&a)；

D)　scanf("%ld"，&a)；

（11）下列程序的输出结果是（　　）。

```
int b=2;
int func(int *a)
{ b+=*a;
  return(b);}
main()
{ int a=2, res=2;
  res += func(&a);
  printf("%d \n",res);
  }
```

A) 4　B) 6　C) 8　D) 10

（12）若有以下调用语句,则不正确的 fun 函数的首部是（　　）。

```
main()
{ int a[50],n;
    …
    fun(n, &a[9]);
      …
    }
```

A) void fun(int m, int x[ ])

B) void fun(int s, int h[ ])

C) void fun(int p, int *s)

D) void fun(int n, int a)

（13）请选出正确的程序段（ ）。

```
A) int  *p;          B) int *s, k;     C) int *s,k;      D) int *s,k;
   scanf("%f",p);       *s=100;           char *p,c;        char *p,c;
   …                    …                 s=&k;             s=&k;
                                          p=&c;             p=&c;
                                          *p='a';           s=p;
                                          …                 *s=500;
                                                            …
```

（14）设有如下定义：

```
int arr[]={6,7,8,9,10};
int *ptr;
```

则下列程序段的输出结果为（ ）。

```
ptr=arr;
*(ptr+2)+=2;
printf ("%d,%d\n",*ptr,*(ptr+2));
```

A) 8,10　　B) 6,8　　C) 7,9　　D) 6,10

（15）下列程序执行后的输出结果是（ ）。

```
void func(int *a,int b[])
{ b[0]=*a+6; }
main()
{ int a,b[5];
  a=0;   b[0]=3;
  func(&a,b);
 printf("%d\n",b[0]);
}
```

A) 6　　B) 7　　C) 8　　D) 9

（16）下列程序执行后的输出结果是（ ）。

```
main()
{ int a[3][3], *p,i;
p=&a[0][0];
for(i=0; i<9; i++) p[i]=i+1;
printf("%d \n",a[1][2]);
}
```

A) 3　　B) 6　　C) 9　　D) 随机数

（17）设有说明 int(*ptr)[10];其中的标识符 ptr 是（ ）。

A）10 个指向整型变量的指针

B）指向 10 个整型变量的函数指针

C）一个指向具有 10 个整型元素的一维数组的指针

D）具有 10 个指针元素的一维指针数组，每个元素都只能指向整型量

（18）有以下程序：

```
main()
{ char a[]="programming",b[]="language";
char *p1,*p2;
int i;
p1=a;p2=b;
for(i=0;i<7;i++)
  if(*(p1+i)= =*(p2+i))
     printf("%c",*(p1+i));
}
```

输出结果是（　　）。

A) gm　　B) rg　　C) or　　D) ga

（19）下面程序的输出结果是（　　）。

```
#include "stdio.h"
#include "string.h"
main()
{ char *p1="abc",*p2="ABC",str[50]="xyz";
strcpy(str+2,strcat(p1,p2));
printf("%s\n", str);
}
```

A) xyzabcABC　　B) zabcABC　　C) yzabcABC　　D) xyabcABC

（20）请读程序片段：

```
char str[]="ABCD", *p=str;
printf("%d\n",*(p+4));
```

上面程序的输出结果是（　　）。

A) 68　　B) 0　　C) 字符"D"的地址　　D) 不确定的值

（21）以下程序运行后，输出结果是（　　）。

```
main( )
{ char *s="abcde";
s+=2;
printf("%ld\n"，s);
}
```

A) cde　　B) 字符 c 的 ASCII 码值　　C) 字符 c 的地址　　D) 出错

（22）设已有定义: char *st="how are you"; 下列程序段中正确的是（　　）。

A) char a[11], *p; strcpy(p=a+1,&st[4]);

B) char a[11]; strcpy(++a, st);

C) char a[11]; strcpy(a, st);

D) char a[ ], *p; strcpy(p=&a[1],st+2);

（23）指针 s 所指向的字符串的长度为（　　）。

```
char *s="\\"Name\\Address\n";
```

A) 19　　B) 15　　C) 18　　D) 说明不合法

（24）有以下程序：

```
#include "string.h"
main()
{ char *p="abcde\0fghjik\0";
   printf("%d\n",strlen(p));
}
```

程序运行后的输出结果是（　　）。

A) 12　　B) 15　　C) 6　　D) 5

（25）下面各语句行中，能正确进行赋字符串操作的语句行是（　　）。

A）char st[4][5]={"ABCDE"};

B）char s[5]={'A','B','C','D','E'};

C）char *s; s="ABCDE";

D）char *s; scanf("%s",s);

（26）下面函数的功能是（　　）。

```
sss(s,t)
char *s,*t;
{ while((*s)&&(*t)&&(*t++==*s++));
return(*(--s)-*( --t));
}
```

A) 求字符串的长度　　B) 比较两个字符串的大小

C) 将字符串 s 复制到字符串 t 中　　D) 将字符串 s 接续到字符串 t 中

（27）下面程序的输出结果是（　　）。

```
main( )
{ int  i，x[3][3]={9，8，7，6，5，4，3，2，1}，*p=&x[1][1];
  for(i=0；i<4；i+=2)
  printf("%3d"，*(p+i));
}
```

A) 5　2　　B) 5　1　　C) 5　3　　D) 9　7

（28）下列程序执行后的输出结果是（　　）。

```
#include "string.h"
main()
{ char  arr[2][4];
  strcpy(arr,"you");
  strcpy(arr[1],"me");
  arr[0][3]= '&';
  printf("%s\n",arr);
}
```

A) you&me　　B) you　　C) me　　D) err

（29）若有以下定义和语句：

int w[2][3], (*pw)[3]; pw=w;

则对 w 数组元素合法引用的是(　　)。

A)*(w[0]2)　　B)*(pw1)[2]　　C)pw[0][0]　　D)*(pw[1][2])

（30）有以下程序：

```
#include "string.h"
main(int argc,char *argv[])
{ int i,len=0;
  for(i=1;i<argc;i++) len+=strlen(argv[i]);
  printf("%d\n",len);
}
```

程序编译链接后生成的可执行文件是ex1.exe，

若运行时输入带参数的命令行是：

ex1 abcd efg 10<回车>

则运行的结果是（　　）。

A) 22　　B) 17　　C) 12　　D) 9

（31）有以下程序：

```
int fa(int x)
{ return x*x; }
int f b(int x)
{ return x*x*x; }
int f(int (*f1)(),int (*f 2)(),int x)
{ return f 2(x)-f1(x); }
main( )
{ int i;
   i=f(fa,fb,2); printf("%d\n",i);
 }
```

程序运行后的输出结果是（　　）。

A) -4　　B) 1　　C) 4　　D) 8

（32）有以下程序：

```
void ss(char *s,char t)
{ while(*s)
   {if(*s= =t) *s=t-'a'+'A';
   s++; }
 }
 main( )
{ char str1[100]="abcddfefdbd",c='d';
   ss(str1,c); printf("%s\n",str1);
}
```

程序运行后的输出结果是（　　）。

A) ABCDDEFEDBD

B) abcDDfefDbD

C) abcAAfefAbA

D) Abcddfefdbd

（33）有以下程序：

```
int *f(int *x,int *y)
{ if(*x<*y)    return x;
    else    return y;
}
main( )
{ int a=7,b=8,*p,*q,*r;
    p=&a; q=&b;
    r=f(p,q);
    printf("%d,%d,%d\n",*p,*q,*r);
}
```

执行后输出结果是（　　）。

A) 7,8,8　　B) 7,8,7　　C) 8,7,7　　D) 8,7,8

（34）有以下程序：

```
main( )
{ char *s[]={"one","two","three"},*p;
   p=s[1];
   printf("%c,%s\n",*(p+1),s[0]);
}
```

执行后输出结果是（　　）。

A) n,two　　B) t,one　　C) w,one　　D) o,two

（35）阅读以下函数：

```
fun(char *sl,char *s2)
{ int i=0;
   while(sl[i]= =s2[i]&&s2[i]!='\0') i++;
   return(sl[i]= = '\0'&&s2[i]== '\0');
}
```

此函数的功能是（　　）。

A) 将s2所指字符串赋给s1

B) 比较s1和s2所指字符串的大小，若s1比s2的大，则函数值为1，否则函数值为0

C) 比较s1和s2所指字符串是否相等，若相等，则函数值为1，否则函数值为0

D) 比较s1和s2所指字符串的长度，若s1比s2的长，则函数值为1，否则函数值为0

练 习 题 8

1. 填空题

（1）以下程序段用于构成一个简单的单向链表，请填空。

```
struct STRU
{ int x, y ;
  float rate;
  (__________) p;
} a, b;
a.x=0; a.y=0; a.rate=0; a.p=&b;
b.x=0; b.y=0; b.rate=0; b.p=NULL;
```

（2）若有如下结构体说明：

```
struct STRU
{ int a, b ; char c; double d;
  struct STRU p1,p2;
};
```

请填空，以完成对 t 数组的定义，t 数组的每个元素为该结构体类型

(_____________) t[20];

（3）设有以下定义：

```
stuct ss
{ int info; struct ss *link;}x,y,z;
```

且已建立如下图所示链表结构：

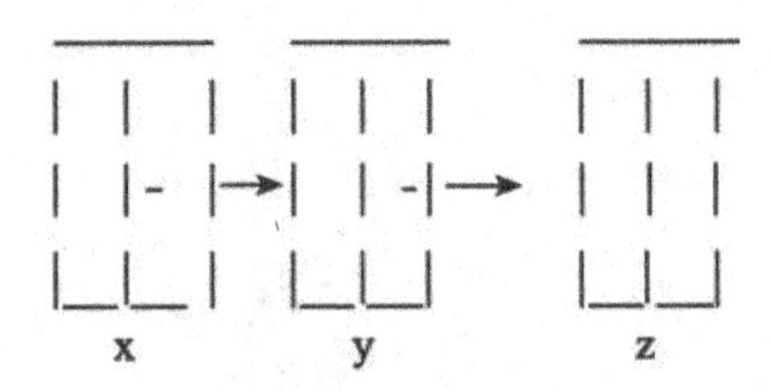

请写出删除节点y的赋值语句(__________)。

2. 单项选择题

（1）有下列程序：

```
#include "stdio.h"
main()
{   union
```

```
 { int k;
   char i[2];
   }*s,a;
 s=&a;
 s->i[0]=0x39;s->i[1]=0x38;
 printf("%x\n",s->k);
}
```

输出结果是（　　）。

A) 3839　　B) 3938　　C) 380039　　D) 390038

（2）设有以下语句：

```
  struct st
       {int n;
      struct st *next;};
 static struct st a[3]={5,&a[1],7,&a[2],9,'\0'},*p;
 p=&a[0];
```

则表达式（　　）的值是 6。

A）p++ ->n　　B) p->n++　　C) (*p).n++　　D) ++p->n

（3）下列程序的输出结果是（　　）。

```
 struct abc
 { int a, b, c; };
 main()
 { struct abc   s[2]={{1,2,3},{4,5,6}}; int t;
   t=s[0].a+s[1].b;
     printf("%d \n",t);
   }
```

A) 5　　B) 6　　C) 7　　D) 8

（4）变量 a 所占内存字节数是（　　）。

```
union UVB
      {  char st[4];
         int   i;
         long l;
      };
       struct A
      {  int   c;
         union UVB u;
      }a;
```

A) 4　　B) 5　　C) 6　　D) 8

（5）设有如下定义：

```
struct sk
{int a;float b;}data,*p;
```

若有 p=&data;，则对 data 中的 a 域的正确引用是(　　)。

A)(*p).data.a　　B)(*p).a　　C)p->data.a　　D)p.data.a

（6）有以下程序:

```
struct STU
{char num[10]; float score[3]; }
main()
{struct STU s[3]={{"20021",90,95,85},
{"20022",95,80,75},
{"20023",100,95,90}},*p=s;
int i; float sum=0;
for(i=0;i<3;i++)
sum=sum+p->score[i];
printf("%6.2f\n",sum);
}
```

程序运行后的输出结果是（　　）。

A) 260.00　　B) 270.00　　C) 280.00　　D) 285.00

（7）有以下程序：

```
main()
{ union{ unsigned int n;
   unsigned char c;
   }ul;
ul.c='A';
printf("%c\n",ul.n);}
```

执行后输出结果是（　　）。

A) 产生语法错　　B) 随机值　　C) A　　D) 65

（8）设有如下定义：

```
struct ss
{ char name[10];
   int age;
   char sex;
} std[3],*p=std;
```

下面各输入语句中错误的是（　　）。

A) scanf("%d",&(*p).age);

B) scanf("%s",&std.name);

C) scanf("%c",&std[0].sex);

D) scanf("%c",&(p->sex));

（9）设有如下定义：

```
struct sk
{int a;
float b;
```

```
}data;
int *p;
```
若要使p指向data中的a域，正确的赋值语句是（　　）。

A) p=&a;　　B) p=data.a;　　C) p=&data.a;　　D) *p=data.a

（10）以下程序的输出结果是（　　）。

```
struct HAR
{ int x, y; struct HAR *p;} h[2];
 main()
{ h[0].x=1;      h[0].y=2;
  h[1].x=3;      h[1].y=4;
  h[0].p=&h[1]; h[1].p=h;
  printf("%d %d \n",(h[0].p) ->x,(h[1].p) ->y); }
```
A) 1 2　　B) 2 3　　C) 1 4　　D) 3 2

（11）以下程序的输出结果是（　　）。

```
union myun
{ struct
{ int x, y, z; } u;
int k;
} a;
main()
{ a.u.x=4; a.u.y=5; a.u.z=6;
   a.k=0;
   printf(%d\n",a.u.x); }
```
A) 4　　B) 5　　C) 6　　D) 0

（12）有以下程序：

```
#include "stdlib.h"
struct NODE
{int num; struct NODE *next; }
main()
{struct NODE *p,*q,*r;
p=(struct NODE *)malloc(sizeof(struct NODE));
q=(struct NODE *)malloc(sizeof(struct NODE));
r=(struct NODE *)malloc(sizeof(struct NODE));
p->num=10;q->num=20;r->num=30;
p->next=q;q->next=r;
printf("%d\n",p->num+q->next->num);
}
```
程序运行后的输出结果是（　　）。

A) 10　　B) 20　　C) 30　　D) 40

练 习 题 9

单项选择题

(1) 设 int　b=2;表达式(b>>2)/(b>>1)的值是（　）。

A) 0　B) 2　C) 4　D) 8

(2) 语句:printf("%d\n"，12&012)；的输出结果是（　）。

A) 12　B) 8　C) 6　D) 012

(3) 有以下程序：

```
main( )
{unsigned char a,b,c;
a=0x3; b=a|0x8; c=b<<1;
printf("%d%d\n",b,c);
}
```

程序运行后的输出结果是（　）。

A) −11 12　B) −6 −13　C) 12 24　D) 11 22

(4) 设char型变量x中的值为10100111，则表达式(2+x)∧(∼3)的值是（　）。

A) 10101001　B) 10101000　C) 11111101　D) 01010101

(5) 整型变量 x 和 y 的值相等、且为非 0 值，则以下选项中，结果为零的表达式是（　）。

A) x || y　B) x | y　C) x & y　D) x ∧ y

练 习 题 10

1. 填空题

（1）若fp已正确定义为一个文件指针，d1.dat为二进制文件，请填空，以便为“读”而打开此文件：fp=fopen(________)。

（2）已有文本文件test.txt，其中的内容为：Hello，everyone！。以下程序中，文件test.txt已正确为“读”而打开，由此文件指针fr指向文件，则程序的输出结果是(　　)。

```
#include "stdio.h"
main()
{ FILE *fr; char str[40];
   ......
   fgets(str,5,fr);
   printf("%s\n",str);
   fclose(fr);
 }
```

（3）以下程序段打开文件后，先利用 fseek 函数将文件位置指针定位在文件末尾，然后调用 ftell 函数返回当前文件位置指针的具体位置，从而确定文件长度，请填空。

```
FILE *myf; ling f1;
myf=（ __________ ）("test.txt","rb");
fseek(myf,0,SEEK_END); f1=ftel(myf);
fclose(myf);
printf("%d\n",f1);
```

2. 单项选择题

（1）在 C 语言程序中,可把整型数以二进制形式存放到文件中的函数是（　　）。

A) fprintf 函数　　B) fread 函数　　C) fwrite 函数　　D) fputc 函数

（2）有以下程序：

```
#include "stdio.h"
main()
{ FILE *fp; int i=20,j=30,k,n;
   fp=fopen("d1.dat","w");
   fprintf(fp,"%d\n",i);fprintf(fp,"%d\n",j);
   fclose(fp);
   fp=fopen("d1.dat","r");
   fscanf(fp,"%d%d",&k,&n); printf("%d%d\n",k,n);
```

```
fclose(fp);
}
```

程序运行后的输出结果是（　　）

A) 20 30　　B) 20 50　　C) 30 50　　D) 30 20

（3）以下叙述中错误的是（　　）。

A) 二进制文件打开后可以先读文件的末尾，而顺序文件不可以

B) 在程序结束时，应当用fclose函数关闭已打开的文件

C) 利用fread函数从二进制文件中读数据，可以用数组名给数组中所有元素读入数据

D) 不可以用FILE定义指向二进制文件的文件指针

（4）以下叙述中不正确的是（　　）。

A) C语言中的文本文件以ASCII码形式存储数据

B) C语言中对二进制位的访问速度比文本文件快

C) C语言中，随机读写方式不使用于文本文件

D) C语言中，顺序读写方式不使用于二进制文件

（5）以下程序企图把从终端输入的字符输出到名为abc.txt的文件中，直到从终端读入字符#号时结束输入和输出操作，但程序有错。

```
#include "stdio.h"
main()
{ FILE *fout; char ch;
  fout=fopen('abc.txt','w');
  ch=fgetc(stdin);
  while(ch!= '#')
  { fputc(ch,fout);
  ch =fgetc(stdin);
  }
  fclose(fout);
}
```

出错的原因是（　　）。

A) 函数fopen调用形式有误

B) 输入文件没有关闭

C) 函数fgetc调用形式有误

D) 文件指针stdin没有定义

（6）下面的程序执行后，文件 test.txt 中的内容是（　　）。

```
#include "stdio.h"
void fun(char *fname,char *st)
{ FILE *myf; int i;
  myf=fopen(fname,"w" );
  for(i=0;i<=6;i++)
    fputc(*(st+i),myf);
```

```
    fclose(myf);
}
main()
{ fun("test","new world");
  fun("test","hello,");
}
```

A)hello，　B)new worldhello，　C)new world　D)hello, rld

练习题参考答案

练 习 题 1

1. 填空题

（1）main

（2）/*　　　*/

（3）;分号

2. 单项选择题

1	2	3
A	C	B

练 习 题 2

1. 填空题

（1）确定性，　有效性

（2）判断框，　处理框

2. 编程题

```
BEGIN:
     t=0
     i=1
     while i<=99
       { t=t+i
         i=i+2 }
     pring t
    END
```

练 习 题 3

1. 填空题

(1) 不

(2) 十、八、十六

(3) 十

(4) 单引号

(5) 双引号

(6) 整数、实数（浮点数）、字符

(7) 2，4，1

(8) 'f'或 102

(9) 1

(10) 2

(11) x+=1

(12) -60

(13) 26

(14) 12，4

(15) (a+b)/a/b,　(a+b)/(a*b)

(16) 整数 1、　整数 0

(17) >　>=　<　<=　==　!=,　&&　||　!

(18) >　>=　<　<=

(19) !

(20) *　/　%

(21) 0　0　0　1

(22) a<c || b<c

(23) a<0&&b<0 || a<0&&c<0 || b<0&&c<0

(24) x<=100&&x>=0 || x<-100

(25) a= =b&&b= =c&&a= =c　a= =b || b= =c || a= =c

(26) y%2= =1

(27) 1　0　1　1　1

(28) 1

(29) d,　f,　c

(30) %f,　x

(31) scanf("%d%d",&a,&b);

(32) printf("%5d%5d\n",a,b);

(33) printf("%6.2f,6.2f\n",x,y);

2. 单项选择题

1	2	3	4	5	6	7	8	9	10
C	A	B	A	A	C	A	B	B	C
11	12	13	14	15	16	17	18	19	20
A	A	C	B	C	A	A	A	A	D
21	22	23	24	25	26	27	28	29	30
C	C	B	C	D	C	C	D	A	B
31	32	33	34	35	36	37	38	39	40
C	A	D	B	A	D	A	C	D	C
41	42	43	44	45	46	47	48	49	50
B	D	D	A	D	D	D	B	D	B

3. 改错题

（1）改为 int i=0,j=0,k=0

（2）int 改为 float 或 long int 或 a=900

（3）c="y" 改为 c='y'

（4）%D 改为%d

（5）printf("%f,%d",x,a);

4. 程序结果题

（1）x=2　y=3

（2）c=1

5. 编写程序题

（1）
```
main()
  { float x,y;
    scanf("%f,%f",&x,&y);
    printf("x+y=%f, x-y=%f\n",x+y,x-y);
    printf("x*y=%f, x÷y=%f\n",x*y,x/y);
  }
```

（2）
```
#include"math.h"
main()
{ float a,b,av,s1,s2;
  scanf("%f,%f",&a,&b);
  av=a*b;   s1=sqrt(a*a+b*b);   s2=2*(a+b);
  printf("av=%f,s1=%f,s2=%f\n",av,s1,s2);
}
```

（3）
```
#include "math.h"
main()
{ float v0,q,s,g=9.8;
  scanf("%f,%f",&v0,&q);
```

```
    q=3.14159267*q/180.0;
    s=2*v0*2*sin(q)*cos(q)/g;
    printf("s=%f\n",s);
}
```

练 习 题 4

1. 填空题

（1）1

（2）退出 switch 语句

（3）1　　1

（4）0

（5）2

（6）结束本次循环，继续下次循环

（7）结束整个循环

（8）a!=0

（9）c!= '\n',　　　c>='0'&&c<='9'

（10）1,　　5

（11）2*x+48*y= =90

（12）t=−t

（13）break

2. 单项选择题

1	2	3	4	5	6	7	8	9	10
C	C	B	A	D	A	C	A	D	A
11	12	13	14	15	16	17	18	19	20
D	B	B	C	C	A	C	D	C	B
21	22	23[1]	23[2]						
C	C	B	C						

3. 改错题

（1）把(a>b)后面的分号 ;去掉

（2）后两行改为 if(a>b)　{c=a;a=b;b=c;}

（3）第 2 行语句应改为　for(i=1;i<=5;i++)　s=s+i;

（4）第 1 行语句应改为　s=1;

4. 写程序结果题

（1）a=1　b=2　c=3

（2）a=2　b=1　c=2

（3）z=−1

（4）x=10

（5）x=2　y=3

x=5　y=8

x=13　y=21

（6）i=2　i=3　i=4　i=5　i=6

（7）x=10,y=4

（8）**1**

3

（9）0　0

1　1

2　3

（10）*#*#*$

（11）*$#*$#*$

5. 编程题

（1）
```
main()
 { int m;float n;
   printf("输入购买商品件数：");
   scanf("%d",&m);
   if(m<0) printf("输入有错误");
     else if(m<10)   n=m*2.85;
     else   if(m<100)   n=m*2.85*(1-0.05);
     else n=m*2.85*(1-0.1);
   printf("应收款是%f\n",n);
   }
```
（2）
```
main()
   { int a,b,c,d,min;
     scanf("%d%d%d",&a,&b,&c);
     d=a<b?a:b;
     min=d<c?d:c;
     printf("最小值是%d\n",min);
   }
```
（3）
```
main()
   { float s;
   scanf("%f",&s);
       if(s>100)   printf("输入有错误");
        else if(s>=80)   printf("very good! ");
         else if(s>=60)   printf("good! ");
          else if(s>=40)   printf("fair");
             else if(s>=0) printf("pool");
```

```
            else printf("输入有错误");
        }
```

（4）main()

```
{ int s;char ch;
  scanf("%d",&s);
  switch(s/10)
  { case  10:
    case  9:ch='A';break;
    case  8:ch='B';break;
    case  7:ch='C';break;
    case  6:ch='D';break;
    default:ch='E';  }
 printf("grade is  %c\n",ch);
}
```

（5）main()

```
{ int n=10,m1=0,n2=0,a,b,i;
  for(i=1;i<=n;i++)
   {scanf("%d%d",&a,&b);
        if((a>=60&&b<60)||(a<60&&b>=60))  m1++;
        if((a<60)&&(b<60))  n2++;}
  printf("一门不及格人数=%d,两门不及格人数=%d\n",m1,n2);
  }
```

另解：

```
#define N  5
main()
{  int a[N][2],m1=0,n2=0,i,j;
   for(i=0;i<N;i++)
   {scanf("%d%d",&a[i][0],&a[i][1]);
      if((a[i][0]>=60&&a[i][1]<60)||(a[i][0]<60&&a[i][1]>=60))  m1++;
      if((a[i][0]<60)&&(a[i][1]<60))  n2++;}
printf("一门不及格人数=%d,两门不及格人数=%d\n",m1,n2);
}
```

（6）main()

```
{  int x,m=0,n=0,mv=0,nv=0;
   scanf("%d",&x);
   while(x!=0)
    { if(x>0) {m++;  mv+=x;}
       else {n++;  nv+=x;}
```

```
        scanf("%d",&x); }
    printf("正整数%d 个，平均值%d；负整数%d 个，平均值%d",m,mv/m,n,nv/n);
    }
```

（7）main()

```
  {   int i;float s;
      for(i=5;i<=150;i+=5)
       { if(i<=50) s=i*1.5;
           else   s=i*1.5+(i-50)*0.6;
           printf("重量%d 时，运费为%f\n",i,s);}
           }
```

（8）main()

```
    { int a1,a2,a3,a4,a5,i,j,s;
      for(i=1;i<=30;i++)
       { printf("请输入第%d 个学生的成绩：",i);
      scanf("%d%d%d%d%d",&a1,&a2,&a3,&a4,&a5);
          s=(a1+a2+a3+a4+a5)/5;
          printf("其平均成绩=%d\n",s);
        }
    }
```

另解：

```
main()
{   int a[30][6],i,j,s;
    for(i=0;i<30;i++)
     { s=0;
        for(j=0;j<5;j++)
        { scanf("%d",&a[i][j]);
           s+=a[i][j];}
        a[i][5]=s/5;
        printf("avreages=%d\n",a[i][5]);
     }
  }
```

练 习 题 5

1. 填空题

（1）可以，不可以

（2）自动型

2. 单项选择题

1	2	3	4	5	6	7	8	9	10
A	C	D	D	A	D	C	D	C	A
11	12	13	14	15	16	17	18	19	20
A	A	A	C	C	C	B	B	B	D
21									
B									

3.写程序结果题

（1）5，25

（2）8，17

练 习 题 6

1. 填空题

（1）20　a

（2）9　0　10　x

（3）char str[ ]={ "lei"};

（4）5

（5）必须相同

（6）a[i-1]　a[9-i]

2. 单项选择题

1	2	3	4	5	6	7	8	9	10
B	B	D	C	C	B	D	D	C	C
11	12	13	14	15	16	17	18	19	20
D	B	D	C	A	B	D	D	C	C
21	22	23	24	25	26	27			
A	A	C	C	D	B	C			

3. 改错题

（1）将 n 改为常量，如 5

（2）将 for 循环的表达式 1 改为 i=0;

4. 写程序结果题

（1）s=30

（2）5　9　45　8　42

（3）13

（4）10010

5. 编写程序题

（1）
```
main()
{   int a[100],min,i,j,t;
    for(i=0;i<=99;i++)
        scanf("%d",&a[i]);
    j=0;
    for(i=1;i<=99;i++)
        if(a[j]>a[i]) { j=i;}
  if(j!=0)   { t=a[j];a[j]=a[0];a[0]=t;}
   printf("the new sort: ");
   for(i=0;i<=99;i++)
     printf("%5d",a[i]);
   }
```
（2）
```
#define  N  6
main()
{ int i;  float a[N],max,min,sum;
   for(i=0;i<N;i++)
     scanf("%f",&a[i]);
   sum=min=max=a[0];
   for(i=1;i<N;i++)
       { if(max<a[i]) max=a[i];
         if(min>a[i]) min=a[i];
         sum+=a[i]; }
 sum=(sum-max-min)/(N-2);
  printf("zuihou defen:%.2f\n",sum);
  }
```
（3）
```
#include "stdio.h"
#define M 5
#define N 6
 main()
 { int a[M][N];int max,min,sum; int b[M+1];
    int i,j,t;
    for(i=0;i<M;i++)
    { printf("(%d)hao defen  wei:",i+1);
       for(j=0;j<N-1;j++)
       scanf("%d",&a[i][j]); }

   for(i=0;i<M;i++)
    { max=min=a[i][0];
       sum=0;
```

```
        for(j=0;j<N-1;j++)
          { if(max<a[i][j]) max=a[i][j];
            if(min>a[i][j]) min=a[i][j];
            sum+=a[i][j];}
        a[i][N-1]=(sum-max-min)/(N-3);
        printf("(%d)hao    zuihaopingfen=%d\n",i+1,a[i][N-1]);
      }

   for(i=0;i<M;i++)
   { b[i]=a[i][N-1];}
   b[M]=0;
   printf("\nmingcipaijie wei:\n");

   for(i=0;i<M;i++)
   {    max=0;
        for(j=1;j<=M;j++)
        {if(b[max]<b[j])    max=j;}
     printf("(%d)hao zongfenis %d\n",max+1,b[max]);
     b[max]=0;
     }
}
```

练 习 题 7

1. 填空题

（1）k　　　*k

（2）!(s[i]>= '0 '&& s[i]<= '9 ')　　　'\0'

（3）p++　　　w[i-1]

（4）max<a[row][col]　　　min>max

2. 单项选择题

1	2	3	4	5	6	7	8	9	10
C	C	D	A	B	B	A	B	D	A
11	12	13	14	15	16	17	18	19	20
B	D	C	D	A	B	C	D	D	B
21	22	23	24	25	26	27	28	29	30
C	A	D	D	C	B	C	A	C	D
31	32	33	34	35					
C	B	B	C	C					

练 习 题 8

1. 填空题

（1）struct STRU *

（2）struct STRU

（3）x.link=y.link

2. 单项选择题

1	2	3	4	5	6	7	8	9	10
A	D	B	C	B	B	C	B	C	D
11	12								
D	D								

练 习 题 9

单项选择题

1	2	3	4	5
A	B	D	D	D

练 习 题 10

1. 填空题

（1）"d1.dat","rb"

（2）Hell

（3）fopen

2. 单项选择题

1	2	3	4	5	6
C	A	D	D	A	A

第四部分 C语言二级考试

C语言二级考试大纲

公共基础知识

一、基本要求

1. 掌握算法的基本概念。
2. 掌握基本数据结构及其操作。
3. 掌握基本排序和查找算法。
4. 掌握逐步求精的结构化程序设计方法。
5. 掌握软件工程的基本方法，具有初步应用相关技术进行软件开发的能力。
6. 掌握数据的基本知识，了解关系数据库的设计。

二、考试内容

（一）基本数据结构与算法

1. 算法的基本概念；算法复杂度的概念和意义（时间复杂度与空间复杂度）。
2. 数据结构的定义；数据的逻辑结构与存储结构；数据结构的图形表示；线性结构与非线性结构的概念。
3. 线性表的定义；线性表的顺序存储结构及其插入与删除运算。
4. 栈和队列的定义；栈和队列的顺序存储结构及其基本运算。
5. 线性单链表、双向链表与循环链表的结构及其基本运算。
6. 树的基本概念；二叉树的定义及其存储结构；二叉树的前序、中序和后序遍历。
7. 顺序查找与二分法查找算法；基本排序算法（交换类排序、选择类排序、插入类排序）。

（二）程序设计基础

1. 程序设计方法与风格。
2. 结构化程序设计。
3. 面向对象的程序设计方法、对象、方法、属性及继承与多态性。

（三）软件工程基础

1. 软件工程基本概念，软件生命周期概念，软件工具与软件开发环境。
2. 结构化分析方法，数据流图，数据字典，软件需求规格说明书。
3. 结构化设计方法，总体设计与详细设计。
4. 软件测试的方法，白盒测试与黑盒测试，测试用例设计，软件测试的实施，单元测试、集成测试和系统测试。
5. 程序的调试，静态调试与动态调试。

（四）数据库设计基础

1. 数据库的基本概念：数据库，数据库管理系统，数据库系统。
2. 数据模型，实体联系模型及E-R图，从E-R图导出关系数据模型。
3. 关系代数运算，包括集合运算及选择、投影、连接运算，数据库规范化理论。
4. 数据库设计方法和步骤：需求分析、概念设计、逻辑设计和物理设计的相关策略。

三、考试方式

1. 公共基础的考试方式为笔试，与C语言（Visual Basic、Visual FoxPro、Java、Access、Visual C++）的笔试部分合为一张试卷。公共基础部分占全卷的30分。
2. 公共基础知识有10道选择题和5道填空题。

C语言程序设计

一、基本要求

1. 熟悉TURBO C集成环境。
2. 熟练掌握结构化程序设计的方法，具有良好的程序设计风格。
3. 掌握程序设计中简单的数据结构和算法。
4. TURBO C的集成环境下，能够编写简单的C程序，并具有基本的纠错和调试程序的能力。

二、考试内容

（一）C语言的结构

1. 程序的构成，MAIN函数和其他函数。
2. 头文件、数据说明、函数的开始和结束标志。
3. 源程序的书写格式。

4. C语言的风格。

（二）数据类型及其运算

1. C的数据类型（基本类型、构造类型、指针类型、空类型）及其定义方法。
2. C运算符的种类、运算优先级和结合性。
3. 不同类型数据间的转换与运算。
4. C表达式类型（赋值表达式、算术表达式、关系表达式、逻辑表达式、条件表达式、逗号表达式）和求值规则。

（三）基本语句

1. 表达式语句，空语句，复合语句。
2. 数据的输入和输出，输入、输出函数的调用。
3. 复合语句。
4. GOTO语句和语句标号的使用。

（四）选择结构程序设计

1. 用if语句实现选择结构。
2. 用switch语句实现多分支选择结构。
3. 选择结构的嵌套。

（五）循环结构程序设计

1. for循环结构。
2. while和do while循环结构。
3. continue语句和break语句。
4. 循环的嵌套。

（六）数组的定义和引用

1. 一维数组和多维数组的定义、初始化和引用。
2. 字符串与字符数组。

（七）函数

1. 库函数的正确调用。
2. 函数的定义方法。
3. 函数的类型和返回值。

4. 形式参数与实在参数，参数值的传递。
5. 函数的正确调用、嵌套调用、递归调用。
6. 局部变量和全局变量。
7. 变量的存储类别(自动、静态、寄存器、外部),变量的作用域和生存期。
8. 内部函数与外部函数。

（八）编译预处理

1. 宏定义:不带参数的宏定义;带参数的宏定义。
2. "文件包含"处理。

（九）指针

1. 指针与指针变量的概念,指针与地址运算符。
2. 变量、数组、字符串、函数、结构体的指针以及指向变量、数组、字符串、函数、结构体的指针变量。通过指针引用以上各类型数据。
3. 用指针作函数参数。
4. 返回指针值的指针函数。
5. 指针数组,指向指针的指针,MAIN 函数的命令行参数。

（十）结构体(即"结构")与共用体(即"联合")

1. 结构体和共用体类型数据的定义方法和引用方法。
2. 用指针和结构体构成链表,单向链表的建立、输出、删除与插入。

（十一）位运算

1. 位运算符的含义及使用。
2. 简单的位运算。

（十二）文件操作

只要求缓冲文件系统(即高级磁盘 I/O 系统),对非标准缓冲文件系统(即低级磁盘 I/O 系统)不要求。

1. 文件类型指针(FILE 类型指针)。
2. 文件的打开与关闭(fopen,fclose)。
3. 文件的读写(fputc,fgetc,fputs,fgets,fread,frwite,fprintf,fscanf 函数),文件的定位(rewind,fseek 函数)。

三、考试方式

1. 笔试：120 分钟，满分 100 分，其中含公共基础知识部分的 30 分。
2. 上机：60 分钟，满分 100 分。

全国计算机等级考试调整方案

（使用2007年版NCRE考试大纲）

教育部考试中心计划于2008年4月（第27次考试）开始在全国使用2007年版NCRE考试大纲，对NCRE的考试科目、考核内容、考试形式进行调整。这次调整涉及NCRE所有级别，关于二级具体方案如下：

考试科目：新增二级Delphi语言程序设计，加上原有的二级C等六个科目，二级共七个科目。二级科目分成两类，一类是语言程序设计（C、C++、Java、Visual Basic、Delphi），另一类是数据库程序设计（Visual FoxPro、Access）。

考核内容：二级定位为程序员，考核内容包括公共基础知识和程序设计。所有科目对基础知识做统一要求，使用统一的公共基础知识考试大纲和教程。二级公共基础知识在各科笔试中的分值比重为30%（30分）。程序设计部分的比重为70%（70分），主要考查考生对程序设计语言使用和编程调试等基本能力。

考试形式：二级所有科目的考试仍包括笔试和上机考试两部分。二级C笔试时间由120分钟改为90分钟，上机时间由60分钟改为90分钟。所有二级科目的笔试时间统一为90分钟，上机时间统一为90分钟。

系统环境：二级各科目上机考试应用软件为：中文专业版Access 2000、中文专业版Visual Basic 6.0、中文专业版Visual FoxPro 6.0、Visual C++ 6.0，二级C上机应用软件由Turbo C 2.0改为 Visual C++ 6.0，二级Java由现在的Java JDK 1.4.2改为专用集成开发环境“NetBeans 中国教育考试版2007”，二级Delphi使用Delphi7.0版本。

关于上机考试：

上机考试仍为 C/S 结构的局域网，服务器端使用的操作系统版本为 Windows 2000 Server，管理机和考试机使用的操作系统为Windows 2000 Professional。上机考试系统使用的数据库由Access 2000改为SQL Server 2000。

2006年4月全国计算机等级考试二级C笔试试题

一、选择题（1～10每题2分，11～50每题1分，共60分）

下列各题A）、B）、C）、D）四个选项中，只有一个选项是正确的，请将正确选项涂写在答题卡相应位置上，答在试卷上不得分。

1. 下列选项中不属于结构化程序设计方法的是(　　)

   A) 自顶向下　　　B）逐步求精

   C）模块化　　　D）可复用

2. 两个或两个以上模块之间关联的紧密程度称为(　　)

   A）耦合度　　B）内聚度　　C）复杂度　　D）数据传输特性

3. 下列叙述中正确的是(　　)

   A）软件测试应该由程序开发者来完成　　B）程序经调试后一般不需要再测试

   C）软件维护只包括对程序代码的维护　　D）以上三种说法都不对

4. 按照"后进先出"原则组织数据的数据结构是(　　)

   A）队列　　B）栈　　C）双向链表　　D）二叉树

5. 下列叙述中正确的是(　　)

   A）线性链表是线性表的链式存储结构　　B）栈与队列是非线性结构

   C）双向链表是非线性结构　　D）只有根节点的二叉树是线性结构

6. 对如下二叉树进行后序遍历的结果为(　　)

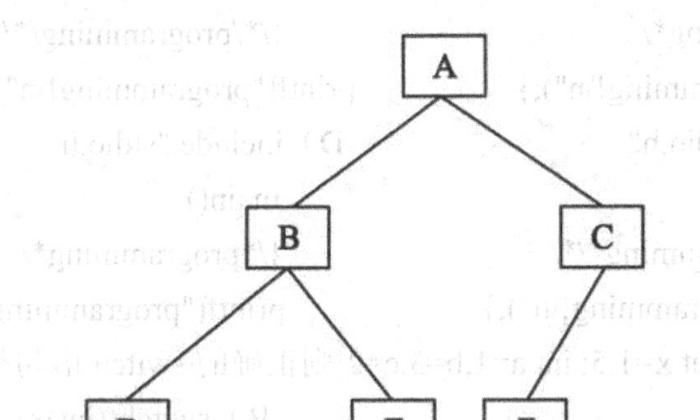

   A）ABCDEF　　B）DBEAFC　　C）ABDECF　　D）DEBFCA

7. 在深度为7的满二叉树中，叶子节点的个数为(　　)

   A）32　　B）31　　C）64　　D）63

8．“商品”与“顾客”两个实体集之间的联系一般是(　　)

A）一对一　　B）一对多　　C）多对一　　D）多对多

9．在E-R图中，用来表示实体的图形是(　　)

A）矩形　　B）椭圆形　　C）菱形　　D）三角形

10．数据库DB，数据库系统DBS，数据库管理系统DBMS之间的关系是(　　)

A）DB包含DBS和DBMS　　B）DBMS包含DB和DBS

C）DBS包含DB和DBMS　　D）没有任何关系

11．以下不合法的用户标识符是(　　)

A）j2_KEY　　B）Double　　C）4d　　D）_8_

12．以下不合法的数值常量是(　　)

A）011　　B）lel　　C）8.0 E0.5　　D）0xabcd

13．以下不合法的字符常量是(　　)

A）'\018'　　B）'\" '　　C）'\\'　　D）'\xcc'

14．表达式3.6-5/2+1.2+5%2的值是(　　)

A）4.3　　B）4.8　　C）3.3　　D）3.8

15．以下能正确定义字符串的语句是(　　)

A）char str[]={'\064'};　　B）char str="\x43";

C）char str=";　　D）char str[]="\0";

16．以下数组定义中错误的是(　　)

A）int x[][3]={0};　　B）int x[2][3]={{1,2},{3,4},{5,6}};

C）nt x[][3]={{1,2,3},{4,5,6}};　　D）int x[2][3]={1,2,3,4,5,6};

17．若要求从键盘读入含有空格字符的字符串，应使用函数(　　)

A）getc()　　B）gets()　　C）getchar()　　D）scanf()

18．以下四个程序中，完全正确的是(　　)

A）
```
#include “stdio.h”
main();
{/*programming*/
printf("programming!\n");}
```

B）
```
#include “stdio.h”
main()
{/*/programming/*/
printf("programming!\n");}
```

C）
```
#include "stdio.h"
main()
{/*/*programming*/*/
printf("programming!\n");}
```

D）
```
include "stdio.h"
main()
{/*programming*/
printf("programming!\n");}
```

19．若有定义：float x=1.5; int a=1,b=3,c=2;则正确的switch语句是(　　)

A）
```
switch(x)
{case 1.0: printf("*\n");
 Case 2.0: printf("**\n"); }
```

B）
```
switch((int)x);
{case 1: printf("*\n");
 case 2: printf("**\n");}
```

C）
```
switch(a+b)
{ case 1: printf("*\n");
 case 2+1: printf("**\n");}
```

D）
```
switch(a+b)
{case 1: printf("\n");
 case c: printf("**\n");}
```

20．若各选项中所用变量已正确定义，函数 fun 中通过 return 语句返回一个函数值，以下选项中错误的程序是(　　)

A）main()
{……x=fun(2,10);……}
float fun(int a,int b){……}

B）float fun(int a,int b){……}
main()
{……x=fun(i,j);……}

C）float fun(int,int);
main()
{……x=fun(2,10);……}
float fun(int a,int b){……}

D）main()
{ float fun(int i,int j);
…… x=fun(i,j);……}
float fun(int a,int b){……}

21．在以下给出的表达式中，与 while(E)中的（E）不等价的表达式是(　　)

A）（!E=0）　　B）(E>0||E<0)　　C）(E= =0)　　D）(E!=0)

22．要求通过 while 循环不断读入字符，当读入字母 N 时结束循环。若变量已正确定义，以下正确的程序段是(　　)

A） while((ch=getchar())!='N') printf("%c",ch);
B） while(ch=getchar()!='N') printf("%c",ch);
C） while(ch=getchar()= ='N') printf("%c",ch);
D） while((ch=getchar())= ='N') printf("%c",ch);

23．已定义以下函数

int fun(int *p)
{return *p;}

fun 函数返回值是(　　)

A）不确定的值　　B）一个整数
C）形参 p 中存放的值　　D）形参 p 的地址值

24．若有说明语句：double *p,a;则能通过 scanf 语句正确给输入项读入数据的程序段是(　　)

A）*p=&a; scanf("%lf ",p);　　B）*p=&a; scanf("%f ",p);
C） p=&a; scanf("%lf ",*p);　　D）p=&a; scanf("%lf ",p);

25．现有以下结构体说明和变量定义，如图所示，指针 p,q,r 分别指向一个链表中连续的三个节点。

```
struct node
{
char data;
struct node *next;
}*p,*q,*r;
```

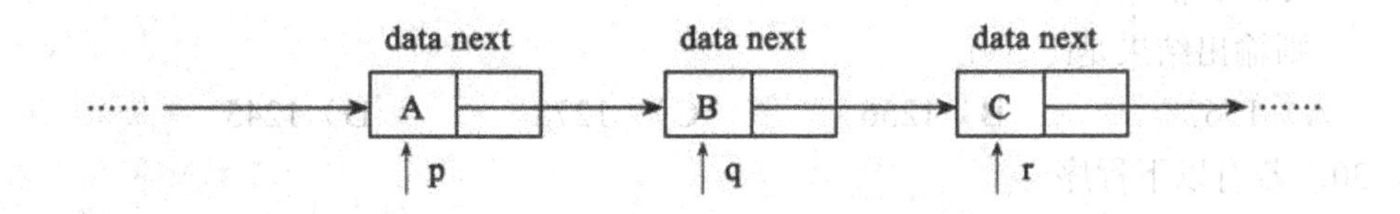

现要将 q 和 r 所指节点交换前后位置，同时要保持链表的连续，以下不能完成此操作的语句是(　　)

A）q->next=r->next; p->next=r; r->next=q;

B）p->next=r; q->next=r->next; r-.next=q;

C）q->next=r->next; r->next=q; p->next=r;

D）r->next=q; p-next=r; q-next=r->next;

26．有以下程序段

```
struct st
{ int x; int *y;}*pt:
int a[]={1,2}, b[]={3,4};
struct st c[2]={10,a,20,b};
pt=c;
```

以下选项中表达式的值为 11 的是(　　)

A）*pt->y　　B）pt->x　　C）++pt->x　　D）(pt++)->x

27．设 fp 为指向某二进制文件的指针，且已读到此文件末尾，则函数 feof（fp）的返回值为(　　)

A）EOF　　B）非 0 值　　C）0　　D）NULL

28．设有以下语句

```
int a=1,b=2,c;
c=a^(b<<2);
```

执行后，c 的值为(　　)

A）6　　B） 7　　C） 8　　D） 9

29．有以下程序

```
#include
main()
{
char c1,c2,c3,c4,c5,c6;
scanf("%c%c%c%c",&c1,&c2,&c3,&c4);
c5=getchar(); c6=getchar();
putchar(c1); putchar(c2);
printf("%c%c\n",c5,c6);
}
```

程序运行后，若从键盘输入（从第 1 列开始）

123<回车>

45678<回车>

则输出结果是(　　)

A）1267　　B）1256　　C） 1278　　D）1245

30．若有以下程序

main()

```
{int y=10;
while(y--); printf("y=%d\n"y);
}
```

程序运行后的输出结果是(　　)

A）y=0　　B）y=-1　　C）y=1　　D）while 构成无限循环

31．有以下程序

```
main()
{
int a=0,b=0,c=0,d=0;
if(a=1) b=1;c=2;
else d=3;
printf("%d,%d,%d,%d\n",a,b,c,d);
}
```

程序输出(　　)

A）0,1,2,0　　B）0,0,0,3　　C）1,1,2,0　　D）编译有错

32．有以下程序

```
main()
{
int i,j,x=0;
for(i=0;i<2;i++)
{ x++;
for(j=0;j<=3;j++)
{
if(j%2) continue;
x++;
}
x++;
}
printf("x=%d\n",x);
}
```

程序执行后的输出结果是(　　)

A）x=4　　B）x=8　　C）x=6　　D）x=12

33．有以下程序

```
int fun1(duoble a){return a*=a;}
int fun2(dpuble x,double y)
{
double a=0,b=0;
a=fun1(x); b=fun1(y); return (int)(a+b);
}
```

```
main()
{double w; w=fun2(1.1,2.0);……}
```

程序执行后变量 w 中的值是(　　)

A）5.21　　B）5　　C）5.0　　D）0.0

34. 有以下程序

```
main()
{
int i,t[][3]={9,8,7,6,5,4,3,2,1};
for(i=0;i<3;i++) printf("%d",t[2-i][i]);
}
```

程序执行后的输出结果是(　　)

A）7 5 3　　B） 3 5 7　　C）3 6 9　　D）7 5 1

35. 有以下程序

```
fun(char p[][10])
{int n=0,i;
for(i=0;i<7;i++)
if(p[i][0]=='T') n++;
return n;
}
main()
{
char str[][10]={ "Mon", "Tue", "Wed", "Thu","Fri","Sat","Sun"};
printf("%d\n",fun(str));
}
```

程序执行后的输出结果是(　　)

A）1　　B） 2　　C）3　　D） 0

36. 有以下程序

```
main()
{
int i,s=0,t[]={1,2,3,4,5,6,7,8,9};
for(i=0;i<9;i+=2) s+=*(t+i);
printf("%d\n",s);
}
```

程序执行后的输出结果是(　　)

A）45　　B）20　　C）25　　D）36

37. 有以下程序

```
void fun1(char *p)
{
char *q;
```

```
q=p;
while(*q!='\0')
{ (*q)++; q++; }
}
main()
{ char a[]={"Program"},*p;
p=&a[3]; fun1(p); printf("%s\n",a);
}
```

程序执行后的输出结果是(　　)

A）P rohsbn　　B）Prphsbn　　C）Progsbn　　D）Program

38．有以下程序

```
void swap(char *x,char *y)
{
char t;
t=*x; *x=*y; *y=t;
}
main()
{
char *s1="abc",*s2="123";
swap(s1,s2); printf("%s,%s\n",s1,s2);
}
```

程序执行后的输出结果是(　　)

A）123，abc　　B）abc,123　　C）1bc,a23　　D）321,cba

39．有以下程序

```
int fun(int n)
{
if(n= =1) return 1;
else
return (n+fun(n−1));
}
main()
{
int x;
scanf("%d",&x); x=fun(x); printf("%d\n",x);
}
```

程序执行时，给变量 x 输入 10，程序的输出结果是(　　)

A）55　　B）54　　C) 65　　D) 45

40．有以下程序

```
int fun(int x[],int n)
```

```
{static int sum=0,i;
for(i=0;i sum+=x[i];
return sum;
}
main()
{int a[]={1,2,3,4,5},b[]={6,7,8,9},s=0;
s=fun(a,5)+fun(b,4); printf("%d\n",s);
}
```

程序执行后的输出结果是(　　)

A）45　　B）50　　C）60　　D）55

41. 有以下程序

```
main()
{
union {
char ch[2];
int d;
}s;
s.d=0x4321;
printf("%x,%x\n",s.ch[0],s.ch[1]);
}
```

在16位编译系统上，程序执行后的输出结果是(　　)

A）21，43　　B）43，21　　C）43，00　　D）21，00

42. 有以下程序

```
main()
{
char *p[]={"3697","2584"};
int i,j; long num=0;
for(i=0;i<2;i++)
{j=0;
while(p[i][j]!='\0')
{ if((p[i][j]- '0')%2)num=10*num+p[i][j]- '0';
j+=2;
} }
printf("%d\n" num);
}
```

程序执行后的输出结果是(　　)

A）35　　B）37　　C）39　　D）3975

43. 执行以下程序后，test.txt文件的内容是（若文件能正常打开）(　　)

```
#include
```

```
main()
{
FILE *fp;
char *s1="Fortran",*s2="Basic";
if((fp=fopen("test.txt", "wb"))==NULL)
{ printf("Can't open test.txt file\n"); exit(1);}
fwrite(s1,7,1,fp);   /*把从地址 s1 开始的 7 个字符写到 fp 所指文件中*/
fseek(fp,0L,SEEK_SET);   /*文件位置指针移到文件开头*/
fwrite(s2,5,1,fp);
fclose(fp);
}
```

A）Basican　　B）BasicFortran　　C）Basic　　D）FortranBasic

44．以下叙述中错误的是(　　)

A）C 语言源程序经编译后生成后缀为.obj 的目标程序

B）C 语言经过编译、链接步骤之后才能形成一个真正可执行的二进制机器指令文件

C）用 C 语言编写的程序称为源程序，它以 ASCII 代码形式存放在一个文本文件中

D）C 语言的每条可执行语句和非执行语句最终都将被转换成二进制的机器指令

45．以下叙述中错误的是(　　)

A）算法正确的程序最终一定会结束

B）算法正确的程序可以有零个输出

C）算法正确的程序可以有零个输入

D）算法正确的程序对于相同的输入一定有相同的结果

46．以下叙述中错误的是(　　)

A）C 程序必须由一个或一个以上的函数组成

B）函数调用可以作为一个独立的语句存在

C）若函数有返回值，必须通过 return 语句返回

D）函数形参的值也可以传回对应的实参

47．设有以下定义和语句

```
char str[20]= "Program",*p;
p=str;
```

则以下叙述中正确的是(　　)

A）*p 与 str[0]中的值相等

B）str 与 p 的类型完全相同

C）str 数组长度和 p 所指向的字符串长度相等

D）数组 str 中存放的内容和指针变量 p 中存放的内容相同

48．以下叙述中错误的是(　　)

A）C 程序中的#include 和#define 行均不是 C 语句

B）除逗号运算符外，赋值运算符的优先级最低

C）C程序中，j++；是赋值语句

D）C程序中，+、−、*、/、%号是算术运算符，可用于整型和实型数的运算

49．以下叙述中正确的是(　　)

A）预处理命令行必须位于C源程序的起始位置

B）在C语言中，预处理命令行都以"#"开头

C）每个C程序必须在开头包括预处理命令行：#include

D）C语言的预处理不能实现宏定义和条件编译的功能

50．以下叙述中错误的是(　　)

A）可以通过typedef增加新的类型

B）可以用typedef将已存在的类型用一个新的名字来代表

C）用typedef定义新的类型名后，原有类型名仍有效

D）用typedef可以为各种类型起别名，但不能为变量起别名

二、填空题（每空2分，共40分）

请将每一个空的正确答案写在答题卡序号[1]至[20]的横线上，答在试卷上不得分。

1．对长度为10的线性表进行冒泡排序，最坏情况下需要比较的次数为【1】。

2．在面向对象方法中，＿＿【2】＿＿描述的是具有相似属性与操作的一组对象。

3．在关系模型中，把数据看成是二维表，每一个二维表称为一个＿＿【3】＿＿。

4．程序测试分为静态分析和动态测试，其中＿＿【4】＿＿是指不执行程序，而只是对程序文本进行检查，通过阅读和讨论，分析和发现程序中的错误。

5．数据独立性分为逻辑独立性与物理独立性，当数据的存储结构改变时，其逻辑结构可以不变，因此，基于逻辑结构的应用程序不必修改，称为＿＿【5】＿＿。

6．若变量a,b已定义为int类型并赋值21和55，要求用printf函数以a=21,b=55的形式输出，请写出完整的输出语句＿＿【6】＿＿。

7．以下程序用于判断a,b,c能否构成三角形，若能输出YES，若不能输出NO。当a,b,c输入三角形三条边长时，确定a,b,c能构成三角形的条件是需要同时满足三条件：a+b>c,a+c>b,b+c>a。请填空。

```
main()
{
float a,b,c;
scanf("%f %f %f ",&a,&b,&c);
if(【7】)printf("YES\n");/*a,b,c 能构成三角形*/
else printf("NO\n");/*a,b,c 不能构成三角形*/
}
```

8．以下程序的输出结果是＿＿【8】＿＿

```
main()
{ int a[3][3]={{1,2,9},{3,4,8},{5,6,7}},i,s=0;
for(i=0;i<3;i++) s+=a[i][i]+a[i][3-i-1];
printf("%d\n",s);
}
```

9．当运行以下程序时，输入abcd，程序的输出结果是：【9】。

```
insert(char str[])
{ int i;
i=strlen(str);
while(i>0)
{ str[2*i]=str[i]; str[2*i-1]='*';i--;}
printf("%s\n",str);
}
main()
{char str[40];
scanf("%s",str ); insert(str);
}
```

10．以下程序的运行结果是：【10】

```
fun(int t[],int n)
{ int i,m;
if(n==1) return t[0];
else
if(n>=2) {m=fun(t,n-1); return m;}
}
main()
{
int a[]={11,4,6,3,8,2,3,5,9,2};
printf("%d\n",fun(a,10));
}
```

11．现有两个C程序文件T18.c和myfun.c同时在TC系统目录（文件夹）下，其中T18.c文件如下：

```
#include
#include"myfun.c"
main()
{ fun(); printf(v\n"); }
```

myfun.c 文件如下：

```
void fun()
{ char s[80],c; int n=0;
while((c=getchar())!='\n') s[n++]=c;
n--;
while(n>=0) printf("%c",s[n--]);
}
```

当编译链接通过后，运行程序T18时，输入Thank!则输出的结果是：【11】。

12．以下函数fun的功能是返回str所指字符串中以形参c中字符开头的后续字符串的首地址，例如：str 所指字符串为 Hello!，c 中的字符为 e，则函数返回字符串：Hello!的首地址。若 str 所指字符串为空串或不包含 c 中的字符，则函数返回 NULL。请填空。

```
char *fun(char *str,char c)
{ int n=0;char *p=str;
if(p!=NULL)
while(p[n]!=c&&p[n]!='\0') n++;
if(p[n]=='\0' return NULL;
return (__【12】__);
}
```

13．以下程序的功能是：输出 100 以内（不含 100）能被 3 整除且个位数为 6 的所有整数，请填空。

```
main()
{ int i,j;
for(i=0;__【13】__;i++)
{ j=i*10+6;
if(__【14】__) continue;
printf("%d ",j);
}
}
```

14．以下 isprime 函数的功能是判断形参 a 是否为素数，是素数，函数返回 1,否则返回 0，请填空。

```
int isprime(int a)
{ int i;
for(i=2;i<=a/2;i++)
if(a%i= =0)__【15】__;
__【16】__;
}
```

15．以下程序的功能是输入任意整数给 n 后，输出 n 行由大写字母 A 开始构成的三角形字符阵列图形，例如，输入整数 5 时（注意：n 不得大于 10），程序运行结果如下：

```
A B C DE
F G H I
J K L
M N
O
```

请填空完成该程序。

```
main()
{ int i,j,n; char ch='A';
scanf("%d",&n);
if(n<11)
```

```
{
for(i=1;i<=n;i++)
{ for(j=1;j<=n-i+1; j++)
{ printf("%2c",ch);
____【17】____;
}
____【18】____
}
}
else printf("n is too large!\n");
printf("\n");
}
```

16．以下程序中函数fun的功能是：构成一个如图所示的带头节点的单向链表，在节点数据域中放入了具有两个字符的字符串。函数disp的功能是显示输出该单链表中所有节点中的字符串。请填空完成函数disp。

```
#include
typedef struct node /*链表节点结构*/
{ char sub[3];
Struct node *next;
}Node;
Node fun(char s) /*建立链表*/
{ …… }
void disp(Node *h)
{
Node *p;
p=h->next;
While(____【19】____)
{
printf("%s\n",p->sub); p=____【20】____;}
}
main()
{
Node *hd;
hd=fun(); disp(hd); printf("\n");
}
```

2006年4月全国计算机等级考试二级C笔试参考答案

一、选择题

1～10 : DADBA DCDAC

11～20:CCADD BBBCA

21～30:CABDD CBDDD

31～40:DBCBB CACAC

41～50:ACADB DADBA

二、填空题

【1】45

【2】类

【3】关系

【4】静态分析

【5】物理独立性

【6】printf("a=%d,b=%d",a,b)

【7】(a+b>c)&&(a+c>b)&&(b+c>a)

【8】30

【9】a*b*c*d*

【10】11

【11】!knahT

【12】p+n 或 str+n

【13】i<=9 或 i<10

【14】j%3!=0

【15】return 0

【16】return 1

【17】ch=ch+1

【18】printf("\n")

【19】p!=NULL

【20】p->next

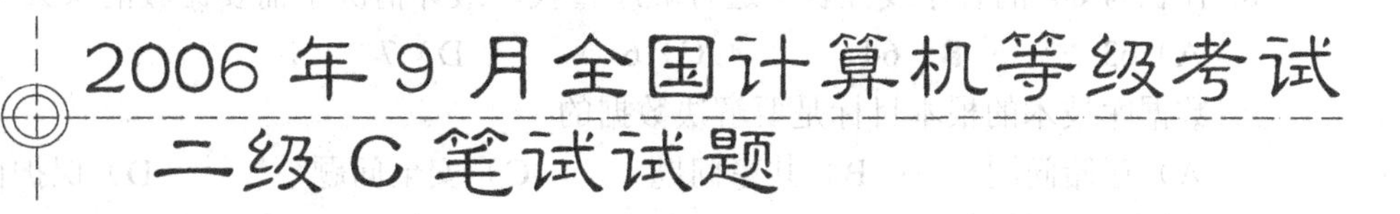
2006年9月全国计算机等级考试
二级C笔试试题

一、选择题（1～10每小题2分，11～50每小题1分，共60分）

下列各题A)、B)、C)、D)四个选项中，只有一个选项是正确的，请将正确选项涂写在答题卡相应位置上，答在试卷上不得分。

1. 下列选项中不符合良好程序设计风格的是______。
   A）源程序要文档化
   B）数据说明的次序要规范化
   C）避免滥用goto语句
   D）模块设计要保证高耦合，高内聚
2. 从工程管理角度，软件设计一般分为两步完成，它们是______。
   A）概要设计与详细设计
   B）数据设计与接口设计
   C）软件结构设计与数据设计
   D）过程设计与数据设计
3. 下列选项中不属于软件生命周期开发阶段任务的是______。
   A）软件测试　B）概要设计　C）软件维护　D）详细设计
4. 在数据库系统中，用户所见的数据模式为______。
   A）概念模式　B）外模式　C）内模式　D）物理模式
5. 数据库设计的四个阶段是：需求分析、概念设计、逻辑设计和______。
   A）编码设计　B）测试阶段　C）运行阶段　D）物理设计
6. 设有如下三个关系表：

   R　　　　S　　　　T

   下列操作中正确的是__________。
   A）T=R∩S　B）T=R∪S　C）T=R×S　D）T=R/S
7. 下列叙述中正确的是______。
   A）一个算法的空间复杂度大，则其时间复杂度也必定大
   B）一个算法的空间复杂度大，则其时间复杂度必定小

计算机系列教材

C）一个算法的时间复杂度大，则其空间复杂度必定小

D）上述三种说法都不对

8. 在长为 64 的有序线性表中进行顺序查找，最坏情况下需要比较的次数为______。

A）63　B）64　C）6　D）7

9. 数据库技术的根本目标是要解决数据的______。

A）存储问题　B）共享问题　C）安全问题　D）保护问题

10. 对下列二叉树：

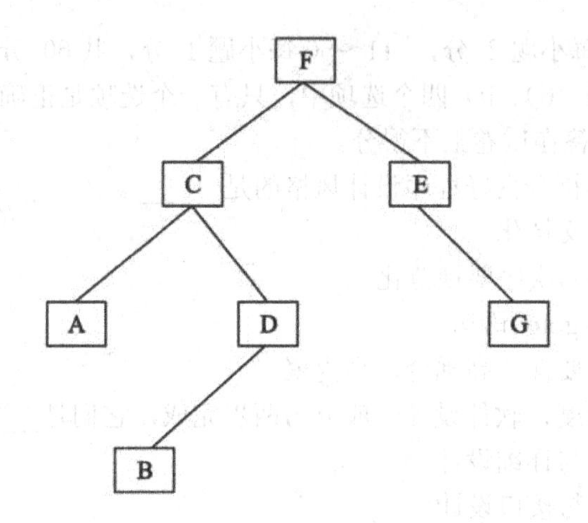

进行中序遍历的结果是______。

A）ACBDFEG　B）ACBDFGE　C）ABDCGEF　D）FCADBEG

11.下列叙述中错误的是________。

A）一个 C 语言程序只能实现一种算法

B）C 程序可以由多个程序文件组成

C）C 程序可以由一个或多个函数组成

D）一个 C 函数可以单独作为一个 C 程序文件存在

12.下列叙述中正确的是________。

A）每个 C 程序文件中都必须有一个 main()函数

B）在 C 程序中 main()函数的位置是固定的

C）C 程序可以由一个或多个函数组成

D）在 C 程序的函数中不能定义另一个函数

13.下列定义变量的语句中错误的是________。

A）int _int;　B）double int_;　C）char For;　D）float US$

14.若变量 x、y 已正确定义并赋值，以下符合 C 语言语法的表达式是________。

A）++x,y=x--　B）x+1=y　C）x=x+10=x+y　D）double(x)/10

15.以下关于逻辑运算符两侧运算对象的叙述中正确的是________。

A）只能是整数 0 或 1　B）只能是整数 0 或非 0 的整数

C）可以是结构体类型的数据　D）可以是任意合法的表达式

16.若有定义 int x,y；并已正确给变量赋值，则以下选项中与表达式（x−y）?(x++): (y++)中的条件表达式（x−y）等价的是________。

A）(x−y>0)　B）(x−y<0)　C）(x−y<||x−y>0)　D）(x−y==0)

17.有以下程序：

```
main()
{int x,y,z;
x=y=1;
z=x++,y++,++y;
printf("%d,%d,%d\n",x,y,z);
}
```

程序运行后的输出结果是________。

A）2,3,3　B）2,3,2　C）2,3,1　D）2,2,1

18.设有定义：int a; float b;执行 scanf("%2d%f",&a,&b);语句时，若从键盘输入 876 543.0<回车>，a 和 b 的值分别是________。

A）876 和 543.000000　B）87 和 6.000000

C）87 和 543.000000　D）76 和 543.000000

19.有以下程序：

```
main()
{int a=0,b=0;
 a=10;           /* 给 a 赋值
  b=20;             给 b 赋值    */
  printf("a+b=%d\n",a+b); /* 输出计算结果 */
}
```

程序运行后输出结果是________。

A）a+b=0　B）a+b=30　C）30　D）出错

20.在嵌套使用 if 语句时，C 语言规定 else 总是________。

A）和之前与其具有相同缩进位置的 if 配对

B）和之前与其最近的 if 配对

C）和之前与其最近的且不带 else 的 if 配对

D）和之前的第一个 if 配对

21.下列叙述中正确的是________。

A）break 语句只能用于 switch 语句

B）在 switch 语句中必须使用 default

C）break 语句必须与 switch 语句中的 case 配对使用

D）在 switch 语句中，不一定使用 break 语句

22.有以下程序：

```
mian0
{int k=5;
while(−k) printf("%d",k−=3);
printf("\n")
```

```
}
```

执行后的输出结果是________。

A）1　B）2　C）4　D）死循环

23.有以下程序：

```
main()
{int i;
for(i=1;i<=40;i++)
{ if(i++%5=0)
      if(++i%8=0) printf("%d",i)
 }
 printf("\n")
}
```

执行后的输出结果是________。

A）5　B）24　C）32　D）40

24.以下选项中，值为 1 的表达式是________。

A）1-'0'　B）1-'\0'　C）'1' -0　D）'\0' -'0'

25.有以下程序：

```
fun(int x,int y){return(x+y);}
main()
{int a=1,b=2,c=3,sum;
sum=fun((a++,b++b,a+b),c++);
printf("%d\n",sum);
}
```

执行后的输出结果是________。

A）6　B）7　C）8　D）9

26.有以下程序：

```
main()
{ char s[ ]= "abcde";
s+=2;
printf("%d\n"， s[0]);
}
```

执行后的结果是________。

A）输出字符 a 的 ASCII 码　　B）输出字符 c 的 ASCII 码

C）输出字符 c　　D）程序出错

27.有以下程序：

```
fun(int x,int y)
    {static int m=0,i=2;
    i+=m+1;m=i+x+y; return m;
 }
 main()
```

```
{int j=1,m=i,k;
k=fun(j,m); printf("%d",k);
k=fun(j,m); printf("%d\n",k)
}
```

执行后的输出结果是________。

A）5,5　B）5,11　C）11,11　D）11,5

28.有以下程序：

```
fun(int x)
{int p;
if(x= =0||x= =1) return(3);
p=x-fun(x=2);
return p;
}main()
{ prinf("%d\n",fun(7));}
```

执行后的输出结果是________。

A）7　B）3　C）3　D）0

29.在16位编译系统上，又有定义 int a[ ]={10,20,30},*p=&a;, 当执行 p++；后，下列说法错误的是________。

A）p 向高地址移了一个字节　B）p 向高地址移了一个存储单元

C）p 向高地址移了两个字节　D）p 与 a+1 等价

30.有以下程序：

```
main()
{int a=1,b=3,c=5;
int *p1=&a,*p2=&b,*p=&c;
*p=*p1*(*p2);
printf("%d\n",c);
}
```

执行后的输出结果是________。

A）1　B）2　C）3　D）4

31.若有定义：int w[3][5];，则以下不能正确表示该数组元素的表达式是________。

A）*（*w+3）　B）*(w+1)[4]　C）*(*(w+1))　D）*(&w[0][0]+1)

32.若有以下函数首部：

```
int fun(double x[10],int *n)
```

则下面针对此函数语句中正确的是________。

A）int fun(double x,int *n);　B）int fun(double ,int);

C）int fun(double*x,int n);　D）int fun(double *,　int *);

33.若有定义语句：int k[2][3],*pk[3];，则以下语句中正确的是________。

A）pk=k;　B）pk[0]=&k[1][2];　C）pk=k[0];　D）pk[1]=k;

34.有以下程序：

```
void change(int k[ ]){k[0]=k[5];}
```

```
main()
{int x[10]={1,2,3,4,5,6,7,8,9,10},n=0
while(n<=4) {change(&x[n]);n++;}
for(n=0;n<5;n++) printf("%d",x[n]);
printf("\n");
}
```

程序运行后输出的结果是________。

A）678910　　B）13579　　C）12345　　D）62345

35.若要求定义具有 10 个 int 型元素的一维数组 a，则以下定义语句中错误的是________。

A）#define n 10 int a[n]　　B）#define n 5 int a[2*n]

C）int a[5+5]　　D）int n=10,a[n]

36.有以下程序：

```
main()
{int x[3][2]={0},i;
for(i=0;i<3;i++) scanf("%d",x[i]);
printf("%3d%3d%3d\n",x[0][0],x[0][1],x[1][0]);
}
```

若运行时输入：246<回车>，则输出结果为________。

A）2 0 0　　B）2 0 4　　C）2 4 0　　D）2 4 6

37.有以下程序：

```
main()
{char s[ ]={ "aeiou"},*ps;
ps=s; printf("%c\n",*ps+4);
}
```

程序运行后的输出结果是________。

A）a　　B）e　　C）u　　D）元素 s[4]的地址

38.以下语句中存在语法错误的是________。

A）char ss[6][20];ss[1]= "right? ";

B）char ss[][20]={ "right? "};

C）char *ss[6];ss[1]= "right? ";

D）char *ss[]={"right? "};

39.若有定义：char *x= "abcdefghi";,以下选项中正确运用了 strcpy 函数的是________。

A）char y[10]; strcpy(y,x[4]);

B）char y[10]; strcpy(++y,&x[1]);

C）char y[10],*s; strcpy(s=y+5,x);

D）char y[10],*s; strcpy(s=y+1,x+1);

40.有以下程序：

```
int add(int a,int b){return+b};}
main()
{int k,(*f)(),a=5,b=10;
```

```
f=add;
…
}
```

则以下函数调用语句错误的是________。

A）k=(*f)(a,b);　B）k=add(a,b);

C）k=*f(a,b);　D）k=f(a,b);

41.有以下程序：

```
#include
main(int argc,char *argv[])
{int i=1,n=0;
while(i     printf("%d\n",n);
}
```

该程序生成的可执行文件名为：proc.exe。若运行时输入命令行：

proc 123 45 67

则程序的输出结果是________。

A）3　B）5　C）7　D）11

42.有以下程序：

```
void fun2(char a, char b){print i("%b%c",a,b);}
char a= 'A',b= 'B';
void fun1( ){ a='C'l b= 'D'; }
main( )
{ fun1( )
printf("%c%c",a,b);
fun2('E', 'F');
}
```

程序的运行结果是________。

A）CDEF　B）ABEF　C）ABCD　D）CDAB

43.有以下程序：

```
#include
#define N 5
#define M N+1
#define f(x) (x*M)
main()
{int i1,i2;
i1=f(2);
i2=f(1+1);
printf("%d %d\n",i1,i2);
}
```

程序的运行结果是________。

A）12 12　B）11 7　C）11 11　D）12 7

44.设有以下语句：

typedef struct TT
{char c; int a[4];}CIN;

则下面叙述中正确的是________。

A）可以用 TT 定义结构体变量　　B）TT 是 struct 类型的变量

C）可以用 CIN 定义结构体变量　　D）CIN 是 struct TT 类型的变量

45.有以下结构体说明、变量定义和赋值语句：

struct STD
{char name[10];
int age;
char sex;
}s[5],*ps;
ps=&s[0];

则以下 scanf 函数调用语句中错误引用结构体变量成员的是________。

A）scanf("%s",s[0].name);

B）scanf("%d",&s[0].age);

C）scanf("%c",&(ps>sex));

D）scanf("%d",ps>age);

46.若有以下定义和语句：

union data
{ int i; char c; float f;}x;
int y;

则以下语句正确的是________。

A）x=10.5;　B）x.c=101;　C）y=x;　D）printf("%d\n",x);

47.程序中已构成如下图所示的不带头节点的单向链表结构，指针变量 s、p、q 均已正确定义，并用于指向链表节点，指针变量 s 总是作为头指针指向链表的第一个节点。

data next

s ──→　──→　b　──→ N ULL c

若有以下程序段：

q=s; s=s>next; p=s;
while(p->next) p=p->next;
p->next=q; q->next=NULL;

该程序段实现的功能是________。

A）首节点成为尾节点　　B）尾节点成为首节点

C）删除首节点　　D）删除尾节点

48.若变量已正确定义，则以下语句的输出结果是________。

s=32; s^=32;printf("%d",s);

A）-1　B）0　C）1　D）32

49.以下叙述中正确的是________。

A）C语言中的文件是流式文件，因此只能顺序存取数据

B）打开一个已存在的文件并进行了写操作后，原有文件中的全部数据必定被覆盖

C）在一个程序中当对文件进行了写操作后，必须先关闭该文件然后再打开，才能读到第1个数据

D）当对文件的读（写）操作完成之后，必须将它关闭，否则可能导致数据丢失

50.有以下程序：

```
#include
main()
{FILE *fp; int i;
char ch[]="abcd",t;
fp=fopen("abc.dat","wb+");
for(i=0;i<4;i++)fwriter&ch[],1,1fp;
fseek(fp, -2L,SEEK_END);
fread(&t,1,1,fp);
fclose(fp);
printf("%c\n",t);
}
```

程序执行后的输出结果是________。

A）d　　B）c　　C）b　　D）a

二、填空题（每空2分，共40分）

请将每一个空的正确答案写在答题卡序号【1】至【20】的横线上，答在试卷上不得分。

1. 下列软件系统结构图

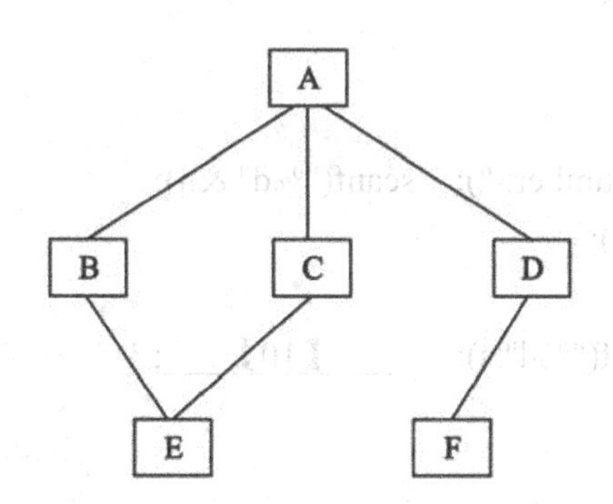

的宽度为____**【1】**____。

2. ____**【2】**____的任务是诊断和改正程序中的错误。

3. 一个关系表的行称为____**【3】**____。

4. 按"先进后出"原则组织数据的数据结构是____**【4】**____。

5. 数据结构分为线性结构和非线性结构，带链接的队列属于____**【5】**____。

6. 设有定义：float x=123.4567;，则执行以下语句后的输出结果是____**【6】**____。

printf("%f\n",(int)(x*100+0.5)/100.0);

7. 以下程序运行后的输出结果是____【7】____。

```
 main()
{ int m=011,n=11;
  printf("%d  %d\n",++m,n++);
 }
```

8. 以下程序运行后的输出结果是____【8】____。

```
main()
{ int x,a=1,b=2,c=3,d=4;
  x=(a<b)?a:b;   x=(x<c)?x:c;   x=(d>x)?x:d;
  printf("%d\n",x);
 }
```

9. 有以下程序，若运行时从键盘输入：18，11<回车>,则程序的输出结果是____【9】____。

```
main()
{ int a,b;
printf("enter a,b: ");   scanf("%d,%d",&a,&b);
while(a!=b)
  { while(a>b) a-=b;
    while(a<b) b-=a;
  }
 printf("%3d%3d\n",a,b);
 }
```

10. 以下程序的功能是：将输入的正整数按逆序输出。例如：若输入 135 则输出 531。请填空。

```
 #include<stdio.h>
 main()
{ int n,s;
  printf("enter a number: ");   scanf("%d",&n);
  printf("output: ");
  do
  { s=n%10; printf("%d",s);      ____【10】____; }
  while(n!=0);
  printf("\n");
}
```

11. 以下程序中，函数 fun 的功能是计算 x^2-2x+6,主函数中将调用 fun 函数计算：

$y1=(x+8)^2-2(x+8)+6$

$y2=\sin^2(x)\ -2\sin(x)+6$

请填空。

```
#include"math.h"
double fun(double x){ return(x*x-2*x+6); }
main()
```

```
{ double x,y1,y2;
  printf("enter x: ");   scanf("%lf ",&x);
  y1=fun(____【11】____)
  y2=fun(____【12】____);
  printf("y1=%lf,y2=%lf ",y1,y2);
  }
```

12. 下面程序的功能是：将 N 行 N 列二维数组中每一行的元素进行排序，第 0 行从小到大排序，第 1 行从大到小排序，第 2 行从小到大排序，第 3 行从大到小排序，请填空。

```
#define   N    4
void sort(int a[ ][N])
{ int i,j,k,t;
  for(i=0,i<N;i++)
   for(j=0;j<N;j++)
for(k=____【13】____;k<N;k++)
/* 判断行下标是否为偶数来确定按升序或降序来排序*/
 if(____【14】____?a[i][j]<a[i][k]: a[i][j]>a[i][k])
  { t=a[i][j];
    a[i][j]=a[i][k];
    a[i][k]=t;
   }
}
void outarr(int a[N][N])
{    ……   }
main()
{ int aa[N][N]={{2,3,4,1},{8,6,5,7},{11,12,10,9},{15,14,16,13}};
 outarr(aa); /* 以矩阵形式输出二维数组 */
 sort(aa);
 Outarr(aa);
}
```

13. 下列程序中的函数 strcpy2()实现字符串两次复制，即将 t 所指字符串复制两次到 s 所指内存空间中，合并形成一个新字符串。请填空。

```
#include <stdio.h>
#include <string.h>
void strcpy2(char *s,char *t)
{ char *p=t;
  while(*s++=*t++);
  s=____【15】____;
  while(____【16】____=*p++);
 }
 main()
```

```
{ char str1[100]= "abcd",str2[100]= " efgh";
  strcpy2(str1,str2);    printf("%s\n",str1);
 }
```

14. 下面程序的运行结果是：____【17】____。

```
#include <stdio.h>
int f(int a[],int n)
{ if(n>1)
     return a[0]+f(a+1,n-1);
   else
     return a[0];
 }
main()
{ int aa[10]={1,2,3,4,5,6,7,8,9,10},s;
   s=f(aa+2,4);    printf("%d\n",s);
 }
```

15. 下面程序由两个源程序文件：t4.h 和 t4.c 组成，程序编译运行的结果是：____【18】____。

t4.h 的源程序为：

```
#define    N     10
#define    f 2(x)     (x*N)
```

t4.c 的源程序为：

```
#include <stdio.h>
#define    M     8
#define    f(x)     ((x)*M)
#include "t4.h"
main()
  { int i,j;
    i=f(1+1);    j=f 2(1+1);
    printf("%d%d\n",i,j);
  }
```

16. 下面程序的功能是建立一个有 3 个节点的单循环链表，然后求各个节点中数据的和，请填空。

```
#include <stdio.h>
#include <stdlib.h>
struct NODE{ int data;
             struct NODE *next; }
main()
{ struct NODE *p,*q,*r;
  int sum=0;
  p=(struct NODE *)malloc(sizeof(struct NODE));
```

```
    q=(struct NODE *)malloc(sizeof(struct NODE));
    r=(struct NODE *)malloc(sizeof(struct NODE));
    p->data=100; q->data=200; r->data=300;
    p->next=q;   q->next=r;   r->next=p;
    sum= p->data + p->next->data + r->next->next____【19】____;
    printf("%d\n",sum);
  }
```

17. 有以下程序，其功能是：以二进制"写"方式打开文件d1.dat，写入1～100这100个整数后关闭文件。再以二进制"读"方式打开文件d1.dat，将这100个整数读入一个数组中，并打印输出。请填空。

```
#include <stdio.h>
main()
{ FILE   *fp;
  int i,a[100],b[100];
  fp=fopen("d1.dat", "wb");
  for(i=0;i<100;i++) a[i]=i+1;
  fwrite(a,sizeof(int),100,fp);
  fclose(fp);
  fp=fopen("d1.dat",____【20】____);
  fread(b,sizeof(int),100,fp);
  fclose(fp);
 for(i=0;i<100;i++) printf("%d\n",b[i]);
}
```

2006年9月全国计算机等级考试二级C笔试参考答案

一、 选择题

1～5	DACBD	6～10	CDBBA
11～15	AADDD	16～20	CCBBC
21～25	DACBC	26～30	DBCAC
31～35	ADBAD	36～40	BBADC
41～45	CABCD	46～50	BABDB

二、 填空题

【1】2
【2】程序调试
【3】元组
【4】栈
【5】线性结构
【6】123.460000
【7】10　11
【8】1
【9】1　1
【10】n=n/10
【11】(x+8)
【12】sin(x)
【13】 j+1
【14】i%2= =1
【15】s-1
【16】*s++
【17】18
【18】16　11
【19】->next->data
【20】"rb"

2007年4月全国计算机等级考试二级C笔试试题

一、选择题(1～10每小题2分， 11～50每小题1分，共60分)

下列各题 A)、B)、C)、D)四个选项中，只有一个选项是正确的，请将正确选项涂写在答题卡相应位置上，答在试卷上不得分。

1. 下列叙述中正确的是______。

A)算法的效率只与问题的规模有关，而与数据的存储结构无关

B)算法的时间复杂度是指执行算法所需要的计算工作量

C)数据的逻辑结构与存储结构是一一对应的

D)算法的时间复杂度与空间复杂度一定相关

2. 在结构化程序设计中，模块划分的原则是______。

A)各模块应包括尽量多的功能

B)各模块的规模应尽量大

C)各模块之间的联系应尽量紧密

D)模块内具有高内聚度、模块间具有低耦合度

3. 下列叙述中正确的是______。

A)软件测试的主要目的是发现程序中的错误

B)软件测试的主要目的是确定程序中错误的位置

C)为了提高软件测试的效率，最好由程序编制者自己来完成软件测试的工作

D)软件测试是证明软件没有错误

4. 下面选项中不属于面向对象程序设计特征的是______。

A) 继承性　　B) 多态性　　C) 类比性　　D) 封装性

5. 下列对队列的叙述正确的是______。

A) 队列属于非线性表

B) 队列按“先进后出”原则组织数据

C) 队列在队尾删除数据

D) 队列按“先进先出”原则组织数据

6. 对下列二叉树进行前序遍历的结果为______。

A) DYBEAFCZX　　B) YDEBFZXCA

C) ABDYECFXZ　　D) ABCDEFXYZ

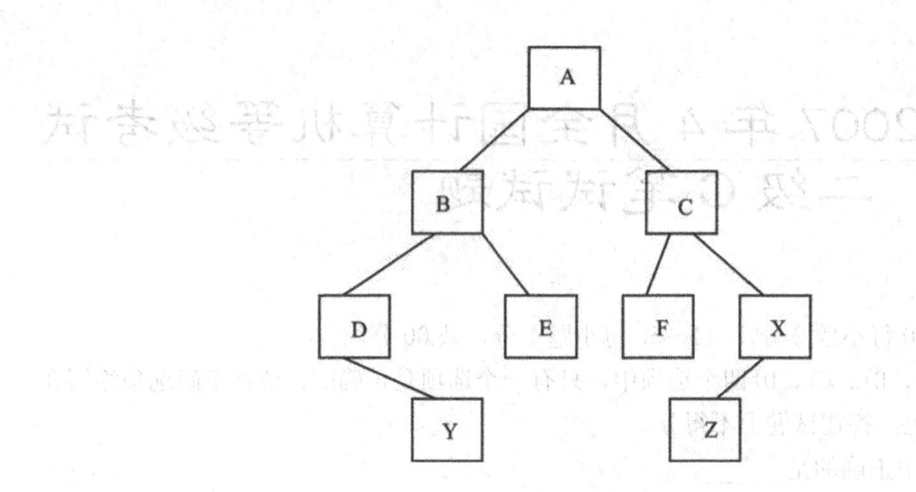

7. 某二叉树中有 n 个度为 2 的节点，则该二叉树中的叶子节点数为______。

A) n+1　B) n−1　C) 2n　D) n/2

8. 在下列关系运算中，不改变关系表中的属性个数但能减少元组个数的是______。

A) 并　B) 交　C) 投影　D) 笛卡儿乘积

9. 在 E-R 图中，用来表示实体之间联系的图形是______。

A) 矩形　B) 椭圆形　C) 菱形　D) 平行四边形

10. 下列叙述中错误的是______。

A) 在数据库系统中，数据的物理结构必须与逻辑结构一致

B) 数据库技术的根本目标是要解决数据的共享问题

C) 数据库设计是指在已有数据库管理系统的基础上建立数据库

D) 数据库系统需要操作系统的支持

11. 算法中，对需要执行的每一步操作，必须给出清楚、严格的规定，这属于算法的______。

A）正当性　B）可行性　C）确定性　D）有穷性

12. 下列叙述中错误的是______。

A）计算机不能直接执行用 C 语言编写的源程序

B）C 程序经 C 编译程序编译后，生成后缀为.obj 的文件是一个二进制文件

C）后缀为.obj 的文件，经链接程序生成后缀为.exe 的文件是一个二进制文件

D）后缀为.obj 和.exe 的二进制文件都可以直接运行

13. 按照 C 语言规定的用户标识符命名规则，不能出现在标识符中的是______。

A）大写字母　B）连接符　C）数字字符　D）下划线

14. 以下叙述中错误的是______。

A）C 语言是一种结构化程序设计语言

B）结构化程序由顺序、分支、循环三种基本结构组成

C）使用三种基本结构构成的程序只能解决简单问题

D）结构化程序设计提倡模块化的设计方法

15. 对于一个正常运行的C程序，以下叙述中正确的是______。

A）程序的执行总是从main函数开始，在main函数结束

B）程序的执行总是从程序的第一个函数开始，在main函数结束

C）程序的执行总是从main函数开始，在程序的最后一个函数中结束

D）程序的执行总是从程序的第一个函数开始，在程序的最后一个函数中结束

16. 设变量均已正确定义，若要通过scanf("%d%c%d%c",&a1,&c1,&a2,&c2);语句为变量a1和a2赋数值10和20，为变量c1和c2赋字符X和Y。以下所示的输入形式中正确的是______。（注：□代表空格字符）

A）10□X□20□Y〈回车〉

B）10□X20□Y〈回车〉

C）10□X〈回车〉20□Y〈回车〉

D）10X〈回车〉20Y〈回车〉

17. 若有代数式 $\sqrt{|n^x + e^x|}$ （其中e仅代表自然对数的底数，不是变量），则以下能够正确表示该代数式的C语言表达式是______。

A)sqrt(abs(n^x+e^x))

B)sqrt(fabs(pow(n,x)+pow(x,e)))

C)sqrt(fabs(pow(n,x)+exp(x)))

D)sqrt(fabs(pow(x,n)+exp(x)))

18. 设有定义：int k=0;, 以下选项的四个表达式中与其他三个表达式的值不相同的是______。

A)k++　　B)k+=1　　C)++k　　D)k+1

19. 有以下程序，其中%u表示按无符号整数输出

```
main()
{unsigned int x=0xFFFF;      /* x 的初值为十六进制数 */
  printf("%u\n",x);
}
```

程序运行后的输出结果是______。

A）-1　　B）65535　　C）32767　　D）0xFFFF

20. 设变量x和y均已正确定义并赋值，以下if语句中，在编译时将产生错误信息的是______。

A) if(x++);

B) if(x>y&&y!=0);

C) if(x>y) x--　　else y++;

D) if(y<0) {;}　　else x++;

21. 以下选项中，当x为大于1的奇数时，值为0的表达式是______。

A) x%2= =1　　B) x/2　　C) x%2!=0　　D) x%2= =0

22. 以下叙述中正确的是______。

A) break语句只能用于switch语句体中

B) continue 语句的作用是：使程序的执行流程跳出包含它的所有循环

C) break 语句只能用在循环体内和 switch 语句体内

D）在循环体内使用 break 语句和 continue 语句的作用相同

23. 有以下程序：

```
main()
{int k=5,n=0;
do
{ switch(k)
   {case 1:      case 3:n+=1; k--; break;
   default:n=0;k--;
   case 2:       case 4:n+=2; k--; break;
   }
 printf("%d",n);
}while(k>0&&n<5);
}
```

程序运行后的输出结果是__________。

A）235　　B）0235　　C）02356　　D）2356

24. 有以下程序：

```
mian()
{int i,j;
  for(i=1;i<4;i++)
 {for(j=i;j<4;j++) printf("%d*%d=%d",i,j,i*j);
 printf("\n");
 }
}
```

程序运行后的输出结果是______。

A) 1*1=1　1*2=2　1*3=3
　 2*1=2　2*2=4
　 3*1=3

B) 1*1=1　1*2=2　1*3=3
　 2*2=4　2*3=6
　 3*3=9

C) 1*1=1
　 1*2=2　2*2=4
　 1*3=3　2*3=6　3*3=9

D) 1*1=1
　 2*1=2　2*2=4
　 3*1=3　3*2=6　3*3=9

25. 以下合法的字符型常量是______。

A) '\x13'　B) '\\018'　C) '65'　D) "\n"

26. 在 C 语言中，函数返回值的类型最终取决于______。

A) 函数定义时在函数首部所说明的函数类型

B) return 语句中表达式值的类型

C) 调用函数时主函数所传递的实参类型

D) 函数定义时形参的类型

27. 已知大写字母 A 的 ASCII 码是 65，小写字母 a 的 ASCII 码是 97，以下不能将变量

c中大写字母转换为对应小写字母的语句是______。

A) c=(c-'A')%26+'a'　　B) c=c+32

C) c=c-'A'+'a'　　D) c=('A'+c)%26-'a'

28. 有以下函数：

```
int fun(char *s)
{char *t=s;
  while(*t++);
   return(t-s);
}
```

该函数的功能是______。

A) 比较两个字符的大小

B) 计算s所指字符串占用内存字节的个数

C) 计算s所指字符串的长度

D) 将s所指字符串复制到字符串t中

29. 设已有定义：float x;则以下对指针变量p进行定义且赋初值的语句中正确的是______。

A) float *p=1024;　　B) int *p=(float x);

C) float p=&x;　　D) float *P=&x;

30. 有以下程序：

```
#include <stdio.h>
main()
{ int n,*p=NULL;
  *p=&n;
printf("Input n: ");    scanf("%d",&p);
printf("output n: ");   printf("%d\n",p);
}
```

该程序试图通过指针p为变量n读入数据并输出，但程序有多处错误，以下语句正确的是______。

A) int n,*p=NULL;　　B) *p=&n;

C) scanf("%d",&p)　　D) printf("%d\n",p);

31. 以下程序中函数f的功能是：当flag为1时，进行由小到大排序；当flag为0时，进行由大到小排序。

```
void f(int  b[],int  n,int  flag)
{int  i,j,t;
 for(i=0;i<n-1;i++)
 for (j=i+1;j<n;j++)
     if(flag?b[i]>b[j]:b[i]<b[j]) { t=b[i]; b[i]=b[j]; b[j]=t; }
 }
 main()
 {int a[10]={5,4,3,2,1,6,7,8,9,10},i;
```

```
    f(&a[2],5,0); f(a,5,1);
     for(i=0;i<10;i++) printf("%d, "a[i]);
    }
```

程序运行后的输出结果是______。

A）1，2，3，4，5，6，7，8，9，10，

B）3，4，5，6，7，2，1，8，9，10，

C）5，4，3，2，1，6，7，8，9，10，

D）10，9，8，7，6，5，4，3，2，1，

32. 有以下程序：

```
void f(int b[])
{int i;
   for(i=2;i<6;i++)    b[i]*=2;
}
main()
{int a[10]={1,2,3,4,5,6,7,8,9,10},i;
f(a);
for(i=0;i<10;i++) printf("%d, ",a[i]);
}
```

程序运行后的输出结果是______。

A）1，2，3，4，5，6，7，8，9，10，

B）1，2，6，8，10，12，7，8，9，10，

C）1，2，3，4，10，12，14，16，9，10，

D）1，2，6，8，10，12，14，16，9，10，

33. 有以下程序：

```
typedef struct{int b,p;}A;
void f(A c)     /*注意：c 是结构变量名 */
{int j;
c.b+=1; c.p+=2;
}
main()
{int i;
A    a={1,2};
f(a);
printf("%d,%d\n",a.b,a.p);
}
```

程序运行后的输出结果是______。

A）2，3　B）2，4　C）1，4　D）1，2

34. 有以下程序：

```
main()
{int a[4][4]={{1,4,3,2,},{8,6,5,7,},{3,7,2,5,},{4,8,6,1,}},i,j,k,t;
```

```
  for(i=0;i<4;i++)
    for(j=0;j<3;j++)
      for(k=j+1;k<4;k++)
        if(a[j][i]>a[k][i]){t=a[j][i];a[j][i]=a[k][i];a[k][i]=t;}/*按列排序*/
    for(i=0;i<4;i++)printf("%d, ",a[i][i]);
  }
```

程序运行后的输出结果是______。

A)1,6,5,7,　B)8,7,3,1,　C)4,7,5,2,　D)1,6,2,1,

35. 有以下程序：

```
main()
{int a[4][4]={{1,4,3,2,},{8,6,5,7,},{3,7,2,5,},{4,8,6,1,}},i,k,t;
for(i=0;i<3;i++)
for(k=i+i;k<4;k++)
if(a[i][i]<a[k][k]){t=a[i][i];a[i][i]=a[k][k];a[k][k]=t;}
for(i=0;i<4;i++) printf("%d, ",a[0][i]);
}
```

程序运行后的输出结果是______。

A)6,2,1,1,　B)6,4,3,2,　C)1,1,2,6,　D)2,3,4,6,

36. 有以下程序：

```
void f(int   *q)
{int i=0;
for( ; i<5;i++)(*q)++;
}
main()
{int a[5]={1,2,3,4,5},i;
 f(a);
 for(i=0;i<5;i++)printf("%d, ",a[i]);
}
```

程序运行后的输出结果是______。

A)2,2,3,4,5,　B)6,2,3,4,5,　C)1,2,3,4,5,　D)2,3,4,5,6,

37. 有以下程序：

```
#include
main()
{char   p[20]={'a', 'b', 'c', 'd'},q[]="abc", r[]="abcde";
 strcpy(p+strlen(q),r);   strcat(p,q);
printf("%d   %d\n",sizeof(p),strlen(p));
}
```

程序运行后的输出结果是______。

A) 20　9　B) 9　9　C) 20　11　D) 11　11

38. 有以下程序：

```
#include
main()
{char  p[20]={ 'a', 'b', 'c', 'd'},q[]="abc", r[]="abcde"
strcat(p,r); strcpy(p+strlen(q),q);
printf("%d \n",sizeof(p));
}
```

程序运行后的输出结果是______。

A) 9　　B) 6　　C) 11　　D) 7

39. 有以下程序：

```
#include <string.h>
void f(char p[][10], int n )  /*  字符串从小到大排序  */
{ char t[10];        int i,j;
  for(i=0;i<n-1;i++)
  for(j=i+1;j<n;j++)
   if(strcmp(p[i],p[j])>0)  { strcpy(t,p[i]);  strcpy(p[i],p[j]);  strcpy(p[j],t);  }
}
main()
{char p[5][10]={ "abc","aabdfg","abbd","dcdbe","cd"};
f(p,5);
  printf("%d\n",strlen(p[0]));
}
```

程序运行后的输出结果是______。

A) 2　　B) 4　　C) 6　　D) 3

40. 有以下程序：

```
void f(int  n, int  *r)
{int r1=0;
if(n%3==0)          r1=n/3;
else  if(n%5==0)      r1=n/5;
else  f(--n,&r1);
*r=r1;
}
main()
{int m=7,r;
 f(m,&r);     printf("%d\n",r);
}
```

程序运行后的输出结果是______。

A) 2　　B) 1　　C) 3　　D) 0

41. 有以下程序：

```
main(int  argc,char  *argv[])
{int n=0,i;
```

```
    for(i=1;i<argc;i++) n=n*10+*argc[i]- '0';
    printf("%d\n",n);
  }
```

编译链接后生成可执行文件 tt.exe，若运行时输入以下命令行

tt 12 345 678

程序运行后的输出结果是______。

A) 12　B) 12345　C) 12345678　D) 136

42. 有以下程序：

```
int a=4;
int f(int  n)
{int  t=0;  static int  a=5;
if(n%2) {int  a=6;  t+=a++;}
    else {int  a=7; t+=a++;}
  return  t+a++;
}
Main()
{int  s=a, i=0;
for (;i<2;i++)     s+=f(i);
printf ("%d\n",s);
}
```

程序运行后的输出结果是______。

A)24　B)28　C)32　D)36

43. 有一个名为 init.txt 的文件，内容如下：

```
#define    HDY(A,B)     A/B
#define    PRINT(Y)     printf("y=%d\n",Y)
```

有以下程序:

```
#include    "init.txt"
main()
{int  a=1,b=2,c=3,d=4,k;
K=HDY (a+c, b+d);
PRINT (K);
}
```

下面针对该程序的叙述正确的是______。

A）编译有错　B）运行出错

C）运行结果为　y=0　D）运行结果为　y=6

44. 有以下程序：

```
main()
{ char   ch[]="uvwxyz",*pc;
  pc=ch;   printf("%c\n",*(pc+5));
}
```

程序运行后的输出结果是______。

A) z　B) 0　C) 元素 ch[5]的地址　D) 字符 y 的地址

45. 有以下程序:

```
struct S {int  n;  int  a[20];};
void  f(struct S  *p)
{int  i,j,t;
 for(i=0;i<p->n-1;i++)
  for(j=i+1;j<p->n;j++)
   if(p->a[i] > p->a[j])  { t=p->a[i];  p->a[i]=p->a[j];  p->a[j]=t; }
  }
main()
{int i; struct  S s={10,{2,3,1,6,8,7,5,4,10,9}};
 f(&s);
 for(i=0;i<s.n;i++) printf("%d, ",s.a[i]);
}
```

程序运行后的输出结果是______。

A）1,2,3,4,5,6,7,8,9,10,

B）10,9,8,7,6,5,4,3,2,1,

C）2,3,1,6,8,7,5,4,10,9,

D）10,9,8,7,6,1,2,3,4,5,

46. 有以下程序:

```
struct S{ int n;  int  a[20];  };
void f(int  *a,int  n)
{int i;
 for(i=0;i<n-1;i++) a[i]+=i;
}
main()
{int  i;  struct S s={10,{2,3,1,6,8,7,5,4,10,9}};
f(s.a,  s.n);
for(i=0;i<s.n;i++) printf("%d, ",s.a[i]);
}
```

程序运行后的输出结果是______。

A）2,4,3,9,12,12,11,11,18,9,

B）3,4,2,7,9,8,6,5,11,10,

C）2,3,1,6,8,7,5,4,10,9,

D）1,2,3,6,8,7,5,4,10,9,

47. 有以下程序段:

```
typedef struct node { int  data;  struct  node  *next;  } *NODE;
NODE  p;
```

以下叙述正确的是______。

A）p 是指向 struct node 结构变量的指针

B）NODE　p；语句出错

C）p 是指向 struct node 结构变量的指针

D）p 是 struct node 结构变量

48. 有以下程序：

```
main()
{unsigned  char  a=2,b=4,c=5,d;
 d=a|b;  d&=c;  printf("%d\n",d); }
```

程序运行后的输出结果是______。

A）3　　B）4　　C）5　　D）6

49. 有以下程序：

```
#include  <stdio.h>
main()
{FILE *fp;    int  k,n,a[6]={1,2,3,4,5,6};
 fp=fopen("d2.dat", "w");
fprintf(fp, "%d%d\n",a[0],a[1],a[2]);
fprintf(fp, "%d%d%d\n",a[3],a[4],a[5]);
fclose(fp);
fp=fopen("d2.dat", "r");
fscanf(fp, "%d%d",&k,&n);     printf("%d%d\n",k,n);
fclose(fp);
}
```

程序运行后的输出结果是______。

A) 1　2　　B) 1　4　　C) 123　4　　D) 123　456

50. 有以下程序：

```
#include
main ()
{FILE  *fp;   int  i,a[6]={1,2,3,4,5,6k};
fp=fopen("d3.dat", "w+b");
fwrite(a,sizeof(int),6,fp);
fseek(fp,sizeof(int)*3,SEEK_SET);  /*该语句使读文件的位置指针从文件头
                                    向后移动3个int型数据*/
fread(a,sizeof(int),3,fp);      fclose(fp);
for(i=0;i<6;i++)      printf("%d, ",a[i]);
}
```

程序运行后的输出结果是______。

A) 4,5,6,4,5,6,

B) 1,2,3,4,5,6,

C) 4,5,6,1,2,3,

D) 6,5,4,3,2,1,

二、填空题（每空2分，共40分）

请将每一个空的正确答案写在答题卡序号【1】至【20】的横线上，答在试卷上不得分。注意：以命令关键字填空的必须写完整。

1. 在深度为7的满二叉树中，度为2的节点个数为____【1】____。

2. 软件测试分为白箱（盒）测试和黑箱（盒）测试，等价类划分法属于____【2】____测试。

3. 在数据库系统中，实现各种数据管理功能的核心软件称为____【3】____。

4. 软件生命周期可分为多个阶段，一般分为定义阶段、开发阶段和维护阶段。编码和测试属于____【4】____阶段。

5. 在结构化分析使用的数据流图（DFD）中，利用____【5】____对其中的图形元素进行确切解释。

6. 执行以下程序后的输出结果是____【6】____。

```
main()
{int a=10;
a=(3*5,a+4);     printf("a=%d\n",a);
}
```

7. 当执行以下程序时，输入1234567890<回车>，则其中while循环体将执行____【7】____次。

```
#include <stdio.h>
main()
{char ch;
 while((ch=getchar())=='0')   printf("#");
}
```

8. 以下程序的运行结果是____【8】____。

```
int   k=0;
void fun(int   m)
{   m+=k; k+=m; printf("m=%d\n   k=%d",m,k++);}
main()
{ int i=4;
 fun(i++); printf("i=%d   k=%d\n",i,k);
}
```

9. 以下程序的运行结果是____【9】____。

```
    main()
 {int a=2,b=7,c=5;
   switch(a>0)
  {case 1:switch(b<0)
           {case 1:switch("@"); break;
            case 2: printf("! "); break;
            }
   case 0: switch(c= =5)
```

```
{case 0: printf("*"); break;
case 1: printf("#"); break;
case 2: printf("$"); break;
}
default : printf("&");
}
printf("\n");
}
```

10. 以下程序的输出结果是 【10】 。

```
# include <stdio.h>
main()
{ printf("%d\n",strlen("IBM\n012\1\\"));
}
```

11. 已定义 char ch＝"$";int i=1,j;执行 j=!ch&&i++以后，i 的值为 【11】 。

12. 以下程序的输出结果是 【12】 。

```
# include <stdio.h>
main()
{ char a[]={'\1', '\2', '\3', '\4', '\0'};
printf("%d   %d\n",sizeof(a),srelen(a));
}
```

13. 设有定义语句：int a[][3]={{0},{1},{2}};,则数组元素 a[1][2]的值为 【13】 。

14. 以下程序的功能是：求出数组 x 中各相邻两个元素的和依次存放到 a 数组中，然后输出。请填空。

```
main()
{int x[10],a[9],i;
for(i=0;i<10;i++) scanf("%d",&x);
for( 【14】 ;i<10;i++)
  a[i-1]=x+ 【15】 ;
for(i=0;i<9;i++)   printf("%d",a);
printf("\n");
}
```

15. 以下程序的功能是：利用指针指向三个整型变量，并通过指针运算找出三个数中的最大值，输出到屏幕上，请填空：

```
main()
{int x,y,z,max,*px,*py,*pz,*pmax;
scanf("%d%d%d",&x,&y,&z);
px=&x; py=&y; pz=&z; pmax=&max;
 【16】 ;
if(*pmax<*py) *pmax=*py;
if(*pmax<*pz) *pmax=*pz;
```

```
printf("max=%d\n",max);
}
```

16. 以下程序的输出结果是____【17】____。

```
int fun(int *x,int n)
{if(n= =0) return x[0];
else return x[0]+fun(x+1,n-1);
}
main()
{int a[]={1,2,3,4,5,6,7};
printf("%d\n",fun(a,3));
}
```

17. 以下程序的输出结果是____【18】____。

```
# include <stdio.h>
main()
{char *s1,*s2,m;
s1=s2=(char*)malloc(sizeof(char));
*s1=15; *s2=20; m=*s1+*s2;
printf("%d\n",m);
}
```

18. 设有说明

struct DATE{int year;int month; int day;};

请写出一条定义语句，该语句定义 d 为上述结构体变量，并同时为其成员 year、month、day 依次赋初值 2006、10、1：____【19】____。

19. 设有定义：FILE *fw;,请将以下打开文件的语句补充完整，以便可以向文本文件 readme.txt 的最后续写内容。

fw=fopen("readme.txt",____【20】____);

2007年4月全国计算机等级考试二级C笔试参考答案

一、选择题

1～5	BDACD	6～10	CACAA
11～15	CDBCA	16～20	DCABC
21～25	DCABA	26～30	ADCDA
31～35	BBDDB	36～40	DCACA
41～45	DADAA	46～50	ACBDA

二、填空题

【1】63

【2】黑盒

【3】数据库管理系统

【4】开发

【5】数据字典

【6】a=14

【7】0

【8】m=4 k=4 i=5 k=5

【9】#&

【10】9

【11】1

【12】5 4

【13】0

【14】i=1

【15】x[i-1]

【16】*pmax=*px

【17】10

【18】35

【19】struct DATA d={2006,10,1};

【20】"a"

2007年9月全国计算机等级考试二级C笔试试题

一、选择题(1～10每题2分， 11～50每题1分，共60分)

下列各题 A)、B)、C)、D)四个选项中，只有一个是正确的，请将正确选项涂写在答题卡上，答在试卷上不得分。

1. 软件是指（　）

A）程序　　B）程序和文档

C）算法加数据结构　　D）程序、数据和相关文档的集合

2. 软件调试的目的是（　）

A）发现错误　　B）改正错误

C）改善软件的性能　　D）验证软件的正确性

3. 在面向对象方法中，实现信息隐蔽是依靠（　）

A）对象的继承　　B）对象的多态

C）对象的封装　　D）对象的分类

4. 下列叙述中，不符合良好程序设计风格的是（　）

A）程序的效率第一，清晰第二　　B）程序的可读性好

C）程序中有必要的注释　　D）输入数据前要有提示信息

5. 下列叙述中正确的是（　）

A）程序执行的效率与数据的存储结构密切相关

B）程序执行的效率只取决于程序的控制结构

C）程序执行的效率只取决于所处理的数据量

D）以上三种说法都不对

6. 下列叙述中正确的是（　）

A）数据的逻辑结构与存储结构必定是一一对应的

B）由于计算机存储空间是向量式的存储结构，因此，数据的存储结构一定是线性结构

C）程序设计语言中的数组一般是顺序存储结构，因此，利用数组只能处理线性结构

D）以上三种说法都不对

7. 冒泡排序在最坏情况下的比较次数是（　）

A）n（n+1）/2　　B）nlog2n　　C）n（n−1）/2　　D）n/2

8. 一棵二叉树中共有70个叶子节点与80个度为1的节点，则该二叉树中的总节点数为（　）

A）219　　B）221　　C）229　　D）231

9. 下列叙述中正确的是（　）

A）数据库系统是一个独立的系统，不需要操作系统的支持

B）数据库技术的根本目标是要解决数据的共享问题

C）数据库管理系统就是数据库系统

D）以上三种说法都不对

10．下列叙述中正确的是（　　）

A）为了建立一个关系，首先要构造数据的逻辑关系

B）表示关系的二维表中各元组的每一个分量还可以分成若干数据项

C）一个关系的属性名表称为关系模式

D）一个关系可以包括多个二维表

11．C语言源程序名的后缀是（　　）

A) .exe　　B) .C　　C) .obj　　D) .cp

12．可在C程序中用做用户标识符的一组标识符是（　　）

A）and　　B）Date　　C）Hi　　D）case

_2007　　y-m-d　　Dr.Tom　　Bigl

13．以下选项中，合法的一组C语言数值常量是（　　）

A)028　　B)12.　　C).177　　D)0x8A

. 5e-3　　OXa23　　4c1.5　　10,000

-0xf　　4.5e0　　Oabc　　3.e5

14．以下叙述中正确的是（　　）

A）C语言程序将从源程序中第一个函数开始执行

B）可以在程序中由用户指定任意一个函数作为主函数，程序将从此开始执行

C）C语言规定必须用main作为主函数名，程序将从此开始执行，在此结束

D）main可作为用户标识符，用以命名任意一个函数作为主函数

15．若在定义语句：int a,b,c,*p=&c;之后，接着执行以下选项中的语句，则能正确执行的语句是（　　）

A) scanf("%d",a,b,c);　　B) scanf("%d%d%d",a,b,c);

C) scanf("%d",p);　　D) scanf("%d",&p);

16．以下关于long、int和short类型数据占用内存大小的叙述中正确的是（　　）

A) 均占4个字节　　B）根据数据的大小来决定所占内存的字节数

C）由用户自己定义　　D）由C语言编译系统决定

17．若变量均已正确定义并赋值，以下合法的C语言赋值语句是（　　）

A) x=y= =5;　　B) x=n%2.5;　　C) x+n=I;　　D) x=5=4+1;

18．有以下程序段

```
int j; float y; char name[50];
scanf("%2d%f%s",&j,&y,name);
```

当执行上述程序段，从键盘上输入55566 7777abc后，y的值为（　　）

A）55566.0　　B）566.0　　C）7777.0　　D）566777.0

19．若变量已正确定义，有以下程序段

```
i=0;
do printf("%d,",i);while(i++);
```

```
printf("%d\n",i)
```

其输出结果是（　　）

A）0，0　　B）0，1　　C）1，1　　D）程序进入无限循环

20．有以下计算公式

$$y=\begin{cases}\sqrt{x} & (x>=0)\\ \sqrt{-x} & (x<=0)\end{cases}$$

若程序前面已在命令中包含 math.h 文件，不能够正确计算上述公式的程序段是（　　）

A）
```
if(x>=0) y=sqrt(x);
else y=sqrt(-x);
```
B)
```
y=sqrt(x)
if(x<0) y=sqrt(-x);
```
C)
```
if(x>=0)y=sqrt(x);
if(x<0)y=sqrt(-x);
```
D)
```
y=sqrt(x>=0?x:-x);
```

21．设有条件表达式：(EXP)?i++;j--，则以下表达式中(EXP)完全等价的是（　　）

A）（EXP= =0）　　B）（EXP!=0）　　C）（EXP= =1）　　D）（EXP!=1）

22．有以下程序

```
#include
main()
{int y=9;
for( y>0;y--)
if(y%3= =0) printf("%d",--y);
}
```

程序的运行结果是（　　）

A）741　　B）963　　C）852　　D）875421

23．已有定义：char c;，程序前面已在命令行中包含 ctype.h 文件，不能用于判断 c 中的字符是否为大写字母的表达式是（　　）

A) isupper(c)　　B) 'A'<=c<='Z'

C) 'A'<=c&&c<='Z'　　D) c<=('2'-32)&&('a'-32)<=c

24．有以下程序

```
#include
main()
{int i,j,m=55;
for(i=1;i<=3;i++)
for(j=3;j<=i;j++) m=m%j;
printf("%d\n",m);
}
```

程序的运行结果是（　　）

A）0　　B）1　　C）2　　D）3

25．若函数调用时的实参为变量时，以下关于函数形参和实参的叙述中正确的是（　　）

A）函数的实参和其对应的形参共占同一存储单元

B）形参只是形式上的存在，不占用具体存储单元

C）同名的实参和形参占同一存储单元

D）函数的形参和实参分别占用不同的存储单元

26．已知字符'A'的ASCⅡ代码值是65，字符变量c1的值是'A',c2的值是'D'。执行语句printf("%d,%d",c1,c2-2);后，输出结果是（　　）

A）A，B　　B）A，68　　C）65，66　　D）65，68

27．以下叙述中错误的是（　　）

A）改变函数形参的值，不会改变对应实参的值

B）函数可以返回地址值

C）可以给指针变量赋一个整数作为地址值

D）当在程序的开头包含文件stdio.h时，可以给指针变量赋NULL

28．以下正确的字符串常量是（　　）

A）"\\\"　　B) 'abc'　　C) OlympicGames　　D) ""

29．设有定义：char p[]={'1', '2', '3'},*q=p; ,以下不能计算出一个char型数据所占字节数的表达式是（　　）

A）sizeof(p)　　B)sizeof(char)　　C) sizeof(*q)　　D)sizeof(p[0])

30．有以下函数

```
int aaa(char *s)
{char *t=s;
while(*t++);
t--;
return(t-s);
}
```

以下关于aaa函数的功能叙述正确的是（　　）

A）求字符串s的长度　　B）比较两个字符串的大小

C）将串s复制到串t　　D）求字符串s所占字节数

31．若有定义语句：int a[3][6];，按在内存中的存放顺序，a数组的第10个元素是（　　）

A) a[0][4]　　B) a[1][3]　　C) a[0][3]　　D) a[1][4]

32．有以下程序

```
#include
void fun(char **p)
{++p; printf("%s\n",*p);}
main()
{char *a[]={"Morning","Afternoon","Evening","Night"};
fun(a);
}
```

程序的运行结果是（　　）

A）Afternoon　　B）fternoon　　C）Morning　　D）orning

33．若有定义语句：int a[2][3],*p[3]; ，则以下语句中正确的是（　　）

A) p=a;　　B) p[0]=a;　　C) p[0]=&a[1][2];　　D) p[1]=&a;

34．有以下程序

```
#include
void fun(int *a,int n)/*fun 函数的功能是将 a 所指数组元素从大到小排序*/
{int t,i,j;
for(i=0;ifor(j=i+1;jif (a}
main()
{int c[10]={1,2,3,4,5,6,7,8,9,0},i;
fun(c+4,6);
for (i=0;i<10;i++) printf("%d,",c);
printf("\n");
}
```

程序运行的结果是（　　）

A) 1,2,3,4,5,6,7,8,9,0,　　B) 0,9,8,7,6,5,1,2,3,4,

C) 0,9,8,7,6,5,4,3,2,1,　　D) 1,2,3,4,9,8,7,6,5,0,

35．有以下程序

```
#include
int fun(char s[])
{int n=0;
while(*s<='9'&&*s>='0') {n=10*n+*s-'0';s++;}
return(n);
}
main()
{char s[10]={ '6', '1', '*', '4', '*', '9', '*', '0', '*'};
printf("%d\n",fun(s));
}
```

程序运行的结果是（　　）

A）9　　B）61490　　C）61　　D）5

36．当用户要求输入的字符串中含有空格时，应使用的输入函数是（　　）

A) scanf()　　B) getchar()　　C) gets()　　D) getc()

37．以下关于字符串的叙述中正确的是（　　）

A）C 语言中有字符串类型的常量和变量

B）两个字符串中的字符个数相同时才能进行字符串大小的比较

C）可以用关系运算符对字符串的大小进行比较

D）空串一定比空格打头的字符串小

38．有以下程序：

```
#include
void fun(char *t,char *s)
{
while(*t!=0)t++;
while((*t++=*s++)!=0);
```

```
}
main()
{
char ss[10]="acc",aa[10]= "bbxxyy";
fun(ss,aa);
printf("%s,%s\n",ss,aa);
}
```

程序运行结果是（　　）

A) accxyy , bbxxyy　　B) acc, bbxxyy

C) accxxyy,bbxxyy　　D) accbbxxyy,bbxxyy

39．有以下程序

```
#include
#include
void fun(char s[][10],int n)
{
char t;int i,j;
for(i=0;ifor(j=i+1,j/*比较字符串的首字符大小，并交换字符串的首字符 */
if(s[0])>s[j][0]{t=s[0];s[0]=s[j][0];s[j][0]=t;}
}
main()
{
char ss[5][10]={ "bcc","bbcc","xy","aaaacc""aabcc"}
fun(ss,5); printf("%s,%s\n",ss[0],ss[4]);
}
```

程序运行结果是（　　）

A) xy,aaaacc　　B) aaaacc,xy

C) xcc,aabcc　　D) acc,xabcc

40．在一个C语言源程序文件中所定义的全局变量，其作用域为（　　）

A) 所在文件的全部范围　　B) 所在程序的全部范围

C) 所在函数的全部范围　　D) 由具体定义位置和extern 说明来决定范围

41．有以下程序

```
#include
int a=1;
int f(int c)
{static int a=2;
c=c+1;
return (a++)+c;}
main()
{ int i,k=0;
for(i=0;i<2;i++){int a=3;k+=f(a);}
```

```
k+=a;
printf("%d\n",k);
}
```

程序运行结果是（　　）

A) 14　　B) 15　　C) 16　　D) 17

42．有以下程序

```
#include
void fun(int n,int *p)
{ int f1,f2;
if(n= =1||n= =2) *p=1;
else
{ fun(n-1,&f1); fun(n-2,&f2);
*p=f1+f2;
}
}
main()
{ int s;
fun(3,&s); printf("%d\n",s);
}
```

程序的运行结果是（　）

A) 2　　B) 3　　C) 4　　D) 5

43．若程序中有宏定义行:#define N 100 则以下叙述中正确的是（　）

A) 宏定义行中定义了标识符 N 的值为整数 100

B) 在编译程序对 C 源程序进行预处理时用 100 替换标识符 N

C) 对 C 源程序进行编译时用 100 替换标识符 N

D) 在运行时用 100 替换标识符 N

44．以下关于 typedef 的叙述错误的是（　）

A) 用 typedef 可以增加新类型

B) typedef 只是将已存在的类型用一个新的名字来代表

C) 用 typedef 可以为各种类型说明一个新名,但不能用来为变量说明一个新名

D) 用 typedef 为类型说明一个新名,通常可以增加程序的可读性

45．有以下程序

```
#include
struct tt
{int x;struct tt *y;} *p;
struct tt a[4]={20,a+1,15,a+2,30,a+3,17,a};
main()
{ int i;
p=a;
for(i=1;i<=2;i++) {printf("%d,",p->x); p=p->y;}
```

```
}
```

程序的运行结果是（　　）

A) 20,30,　　B) 30,17　　C) 15,30,　　D) 20,15,

46．有以下程序

```
#include
#include
typedef struct{ char name[9];char sex; float score[2]; } STU;
STU f(STU a)
{ STU b={"Zhao",'m',85.0,90.0}; int i;
strcpy(a.name,b.name);
a. sex=b.sex;
for(i=0;i<2;i++) a.score=b.score;
return a;
}
main()
{STU c={"Qian",'f',95.0,92.0},d;
d=f(c); printf("%s,%c,%2.0f,%2.0f\n",d.name,d.sex,d.score[0],d.score[1]);
}
```

程序的运行结果是（　）

A) Qian,f,95,92　　B) Qian,m,85,90

C) Zhao,m,85,90　　D) Zhao,f,95,92

47．设有以下定义

```
union data
{ int d1; float d2; }demo;
```

则下面叙述中错误的是（　　）

A)变量 demo 与成员 d2 所占的内存字节数相同

B)变量 demo 中各成员的地址相同

C)变量 demo 和各成员的地址相同

D)若给 demo.d1 赋 99 后, demo.d2 中的值是 99.0

48．有以下程序

```
#include
main()
{ int a=1,b=2,c=3,x;
x=(a^b)&c; printf("%d\n",x);
}
```

程序的运行结果是（　）

A) 0　　B) 1　　C) 2　　D) 3

49．读取二进制文件的函数调用形式为:fread(buffer,size,count,fp); ,其中 buffer 代表的是（　　）

A)一个文件指针,指向待读取的文件

B)一个整型变量,代表待读取的数据的字节数

C)一个内存块的首地址,代表读入数据存放的地址

D)一个内存块的字节数

50．有以下程序

```
#include
main()
{FILE *fp; int a[10]={1,2,3,0,0},i;
fp=fopen("d2.dat","wb");
fwrite(a,sizeof(int),5,fp);
fwrite(a,sizeof(int),5,fp);
fclose(fp);
fp=fopen("d2.dat","rb");
fread(a,sizeof(int),10,fp);
fclose(fp);
for(i=0;i<10;i++) printf("%d",a);
}
```

程序的运行结果是（　）

A)1,2,3,0,0,0,0,0,0,0,　　B)1,2,3,1,2,3,0,0,0,0,

C)123,0,0,0,0,123,0,0,0,0,　　D)1,2,3,0,0,1,2,3,0,0,

二、填空题(每空 2 分,共 40 分)

请将每一个空的正确答案写在答题卡序号【1】至【20】的横线上,答在试卷上不得分。

1．软件需求规格说明书应具有完整性、无歧义性、正确性、可验证性、可修改性等特性，其中最重要的＿＿【1】＿＿。

2． 在两种基本测试方法中,＿＿【2】＿＿测试的原则之一是保证所测模块中每一个独立路径至少要执行一次。

3． 线性表的存储结构主要分为顺序存储结构和链式存储结构，队列是一种特殊的线性表,循环队列是队列的＿＿【3】＿＿存储结构。

4．对下列二叉树进行中序遍历的结果为＿＿【4】＿＿。

5．在 E-R 图中矩形表示＿＿【5】＿＿。

6．执行以下程序时输入 1234567,则输出结果是＿＿【6】＿＿。

```
#include
main()
{ int a=1,b;
scanf("%2d%2d",&a&b);printf("%d %d\n",a,b);
}
```

7. 以下程序的功能是:输出 a、b、c 三个变量中的最小值，请填空。

```
#include
main()
{ int a,b,c,t1,t2;
t1=a<b ?＿＿【7】＿＿;
```

t2=c<t1 ?__【8】__;

printf("%d\n",t2);

}

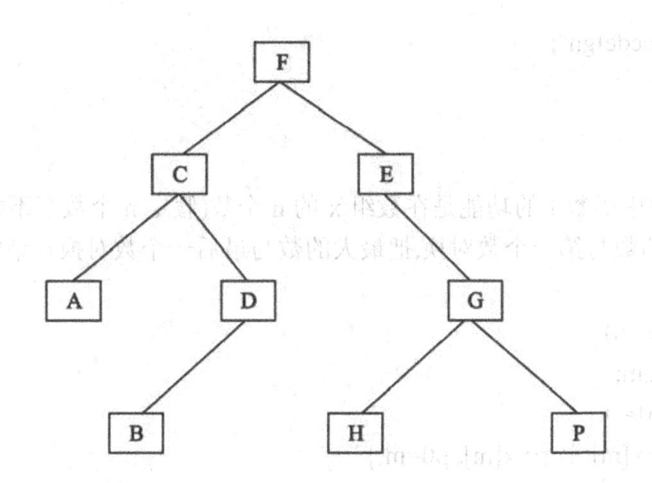

8．以下程序的输出结果是__【9】__。

```
#include
main()
{ int n=12345,d;
while(n!=0){ d=n%10; printf("%d",d); n/=10;}
}
```

9．有以下程序段,且变量已正确定义和赋值：

```
for(s=1.0,k=1;k<=n;k++) s=s+1.0/(k*(k+1));
printf("s=%f\n\n",s);
```

请填空,使下面程序段的功能为完全相同。

```
s=1.0;k=1;
while(__【10】__){ s=s+1.0/(k*(k+1));__【11】__;}
printf("s=%f\n\n",s);
```

10．以下程序的输出结果是__【12】__。

```
#include
main()
{ int i;
for(i='a';i<'f';i++,i++) printf("%c",i-'a'+'A');
printf("\n");
}
```

11．以下程序的输出结果是__【13】__。

```
#include
#include
char *fun(char *t)
```

```
{ char *p=t;
return(p+strlen(t)/2);
}
main()
{ char *str="abcdefgh";
str=fun(str);
puts(str);
}
```

12．以下程序中函数 f 的功能是在数组 x 的 n 个数(假定 n 个数互不相同)中找出最大最小数,将其中最小的数与第一个数对换,把最大的数与最后一个数对换，请填空。

```
#include
viod f(int x[],int n)
{ int p0,p1,i,j,t,m;
i=j=x[0]; p0=p1=0;
for(m=0;m{ if(x[m]>i) {i=x[m]; p0=m;}
else if(x[m]}
t=x[p0]; x[p0]=x[n-1]; x[n-1]=t;
t=x[p1];x[p1]=____【14】____;____【15】____=t;
}
main()
{ int a[10],u;
for(u=0;u<10;u++) scanf("%d",&a);
f(a,10);
for(u=0;u<10;u++) printf("%d",a);
printf("\n");
}
```

13．以下程序统计从终端输入的字符中大写字母的个数,num[0]中统计字母 A 的个数,num[1]中统计字母 B 的个数,其他依次类推。用#号结束输入,请填空。

```
#include
#include
main()
{ int num[26]={0},i; char c;
while((____【16】____)!='#')
if(isupper(c)) num[c-'A']+=____【17】____;
for(i=0;i<26;i++)
Printf("%c:%d\n",i+'A',num);
}
```

14．执行以下程序的输出结果是____【18】____。

```
#include
main()
```

```
{ int i,n[4]={1};
for(i=1;i<=3;i++)
{ n=n[i-1]*2+1; printf("%d",n); }
}
```

15．以下程序的输出结果是____【19】____。

```
#include
#define M 5
#define N M+M
main()
{ int k;
k=N*N*5; printf("%d\n",k);
}
```

16．函数 main()的功能是:在带头节点的单链表中查找数据域中值最小的节点，请填空。

```
#include
struct node
{ int data;
struct node *next;
};
int min(struct node *first)/*指针 first 为链表头指针*/
{ strct node *p; int m;
p=first->next; m=p->data;p=p->next;
for(;p!=NULL;p=____【20】____)
if(p->datadata;
return m;
```

2007年9月全国计算机等级考试二级C笔试参考答案

一、选择题

1～10　DBCAD　CCABD
11～20　BABCC　DABBB
21～30　BCBBD　CCDAA
31～40　BDCDC　CDDDD
41～50　AABAD　CDDCD

二、填空题

【1】 无歧义性
【2】 白盒
【3】 顺序
【4】 ACBDFEHGP
【5】 实体
【6】 12　34
【7】 a:b
【8】 c:t1
【9】 54321
【10】 k<=n
【11】 k++
【12】 ACE
【13】 efgh
【14】 x[0]
【15】 x[0]
【16】 c=getchar()
【17】 1
【18】 3　7　15
【19】 55
【20】 p->next

2008年4月全国计算机等级考试二级C笔试试题

(考试时间90分钟，满分100分)

一、选择题(共70分)

下列各题A)、B)、C）、D）四个选项中，只有一个选项是正确的，请将正确选项涂写在答题卡相应位置上，答在试卷上不得分。

1．程序流程图中指有箭头的线段表示的是(　　)

A) 图元关系　　B) 数据流　　C) 控制流　　D) 调用关系

2．结构化程序设计的基本原则不包括(　　)

A) 多态性　　B) 自顶向下　　C) 模块化　　D) 逐步求精

3．软件设计中模块划分应遵循的准则是(　　)

A) 低内聚低耦合　　B) 高内聚低耦合

C) 低内聚高耦合　　D) 高内聚高耦合

4．在软件开发中，需求分析阶段产生的主要文档是(　　)

A) 可行性分析报告　　B) 软件需求规格说明书

C) 概要设计说明书　　D) 集成测试计划

5．算法的有穷性是指(　　)

A) 算法程序的运行时间是有限的　　B) 算法程序所处理的数据量是有限的

C) 算法程序的长度是有限的　　D) 算法只能被有限的用户使用

6. 对长度为n的线性表排序，在最坏情况下，比较次数不是n(n−1) /2的排序方法是(　　)

A) 快速排序　　B) 冒泡排序　　C) 直接插入排序　　D) 堆排序

7．下列关于栈的叙述正确的是(　　)

A) 栈按“先进先出”组织数据　　B) 栈按“先进后出”组织数据

C) 只能在栈底插入数据　　D) 不能删除数据

8．在数据库设计中，将E-R图转换成关系数据模型的过程属于(　　)

A) 需求分析阶段　　B) 概念设计阶段　　C) 逻辑设计阶段　　D) 物理设计阶段

9．设有表示学生选课的三张表，学生S(学号，姓名，性别，年龄，身份证号)，课程C(课号，课名)，选课SC(学号，课号，成绩)，则表SC的关键字(键或码) 为(　　)

A) 课号，成绩　　B) 学号，成绩

C) 学号，课号　　D) 学号，姓名，成绩

10．以下叙述中正确的是(　　)

A) C程序中的注释只能出现在程序的开始位置和语句的后面

B) C程序书写格式严格，要求一行内只能写一个语句

C) C程序书写格式自由，一个语句可以写在多行上

D) 用 C 语言编写的程序只能放在一个程序文件中

11．以下选项中不合法的标识符是(　　)

A) print　　B) FOR　　C) &a　　D) _00

12．以下选项中不属于字符常量的是(　　)

A) 'C'　　B) "C"　　C) '\xCC0'　　D) '\072'

13．设变量已正确定义并赋值，以下正确的表达式是(　　)

A) x=y*5=x+z　　B) int(15.8%5)

C) x=y+z+5,++y　　D) x=25%5.0

14．以下定义语句中正确的是(　　)

A) int a=b=0 ;　　B) char A=65+1,b='b';

C) float a=1,*b=&a,*c=&b ;　　D) double a=0.0,b=1.1;

15．有以下程序段

```
char ch; int k;
ch='a'; k=12;
printf("%c,%d,",ch,ch,k) ; printf("k=%d\n",k) ;
```

已知字符 a 的 ASCII 十进制代码为 97，则执行上述程序段后输出结果是(　　)

A) 因变量类型与格式描述符的类型不匹配输出无定值

B) 输出项与格式描述符个数不符，输出为零值或不定值

C) a,97,12k=12

D) a,97,k=12

16．已知字母 A 的 ASCII 代码值为 65，若变量 kk 为 char 型，以下不能正确判断出 kk 中的值为大写字母的表达式是(　　)

A) kk>='A'&&kk<='Z'　　B) !(kk>='A' || kk<='Z')

C) (kk+32) >='a'&&(kk+32) <='z'　　D) isalpha(kk) &&(kk<91)

17．当变量 c 的值不为 2、4、6 时，值也为“真”的表达式是(　　)

A) (c= =2) || (c= =4) || (c= =6)　　B) (c>=2&&c<=6) || (c!=3) || (c!=5)

C) (c>=2&&c<=6) &&!(c%2)　　D) (c>=2&&c<=6) &&(c%2!=1)

18．若变量已正确定义，有以下程序段

```
int a=3,b=5,c=7;
if(a>b)   a=b; c=a;
if(c!=a)   c=b;
printf("%d,%d,%d\n",a,b,c) ;
```

其输出结果是(　　)

A) 程序段有语法错　　B) 3，5，3　　C) 3，5，5　　D) 3，5，7

19．有以下程序

```
#include <stdio.h>
main()
{ int x=1,y=0,a=0,b=0;
switch(x)
{ case 1:
```

```
switch(y)
{ case 0: a++; break;
case 1: b++; break;
}
case 2: a++; b++; break;
case 3: a++; b++;
}
printf("a=%d,b=%d\n",a,b) ;
}
```

程序的运行结果是(　　)

A) a=1，b=0　　B) a=2,b=2　　C) a=1,b=1　　D) a=2,b=1

20．有以下程序

```
#include <stdio.h>
main()
{ int x=8;
for( ; x>0; x--)
{ if(x%3)   {printf("%d, ",x--) ; continue;}
printf("%d, ",--x) ;
}
}
```

程序的运行结果是(　　)

A) 7，4，2　　B) 8，7，5，2　　C) 9，7，6，4　　D) 8，5，4，2

21．以下不构成无限循环的语句或者语句组是(　　)

A) n=0;
do{++n;}while(n<=0) ;

B) n=0;
while(1){n++;}

C) n=10;
while(n);

D) for(n=0,i=1; ;i++) n+=i;
{n--;}

22．有以下程序

```
#include <stdio.h>
main( )
{ int a[ ]={1,2,3,4},y,*p=&a[3];
 --p; y=*p; printf("y=%d\n",y);
}
```

程序的运行结果是(　　)

A) y=0　　B) y=1　　C) y=2　　D) y=3

23．以下错误的定义语句是(　　)

A) int x[][3]={{0},{1},{1,2,3}};

B) int x[4][3]={{1,2,3},{1,2,3},{1,2,3},{1,2,3}};

C) int x[4][]={{1,2,3},{1,2,3},{1,2,3},{1,2,3}};

D) int x[][3]={1,2,3,4};

24. 设有如下程序段

```
char s[20]= "Beijing",*p;
p=s;
```

则执行 p=s;语句后，以下叙述正确的是(　　)

A) 可以用*p 表示 s[0]

B) s 数组中元素的个数和 p 所指字符串长度相等

C) s 和 p 都是指针变量

D) 数组 s 中的内容和指针变量 p 中的内容相等

25. 若有定义：int a[2][3];，以下选项中对 a 数组元素正确引用的是(　　)

A) a[2][!1]　　B) a[2][3]　　C) a[0][3]　　D) a[1>2][!1]

26. 有定义语句：char s[10];，若要从终端给 s 输入 5 个字符，错误的输入语句是(　　)

A) gets(&s[0]);　　B) scanf("%s",s+1);

C) gets(s);　　D) scanf("%s",s[1]);

27. 以下叙述中错误的是(　　)

A) 在程序中凡是以“#”开始的语句行都是预处理命令行

B) 预处理命令行的最后不能以分号表示结束

C) #define MAX 是合法的宏定义命令行

D) C 程序对预处理命令行的处理是在程序执行的过程中进行的

28. 以下结构体类型说明和变量定义中正确的是(　　)

A)
```
typedef struct
  {int n; char c;}REC;
 REC t1,t2;
```

B)
```
struct REC;
 {int n; char c;};
 REC t1,t2;
```

C)
```
typedef struct REC ;
  {int n=0; char c='A';}t1,t2;
```

D)
```
struct
  {int n;char c;}REC t1,t2;
```

29. 以下叙述中错误的是(　　)

A) gets 函数用于从终端读入字符串

B) getchar 函数用于从磁盘文件读入字符

C) fputs 函数用于把字符串输出到文件

D) fwrite 函数用于以二进制形式输出数据到文件

30. 有以下程序

```
#include <stdio.h>
main()
{ int s[12]={1,2,3,4,4,3,2,1,1,1,2,3},c[5]={0},i;
for(i=0;i<12;i++)   c[s[i]]++;
for(i=1;i<5;i++) printf("%d",c[i]);
printf("\n");
}
```

程序的运行结果是(　　)

A) 1 2 3 4　　B) 2 3 4 4　　C) 4 3 3 2　　D) 1 1 2 3

31. 有以下程序

```
#include <stdio.h>
void fun(int *s,int nl,int n2)
{ int i,j,t;
i=nl; j=n2;
while(i<j)  {t=s[i];s[i]=s[j];s[j]=t;i++;j--;}
}
main( )
{ int a[10]={1,2,3,4,5,6,7,8,9,0},k;
fun(a,0,3) ; fun(a,4,9) ; fun(a,0,9) ;
for(k=0;k<10;k++) printf("%d",a[k]) ; printf("\n") ;
}
```

程序的运行结果是(　　)

A) 0987654321　　B) 4321098765　　C) 5678901234　　D) 0987651234

32．有以下程序

```
#include <stdio.h>
#include <string.h>
void fun(char *s[ ],int n)
{ char *t; int i,j;
for(i=0;i<n-1;i++)
for(j=i+1;j<n;j++)
if(strlen(s[i]) >strlen(s[j]) )  {t=s[i];s[i]=s[j];s[j]=t;}
}
main()
{char *ss[]={"bcc","bbcc","xy","aaaacc","aabcc"};
fun(ss,5) ; printf("%s，%s\n",ss[0],ss[4]) ;
}
```

程序的运行结果是(　　)

A) xy,aaaacc　　B) aaaacc,xy　　C) bcc,aabcc　　D) aabcc,bcc

33．有以下程序

```
#include <stdio.h>
int f(int x)
{int y;
if(x= =0||x= =1)  return (3) ;
y=x*x-f(x-2) ;
return y;
}
main( )
{int z;
z=f(3) ; printf("%d\n",z) ;
}
```

程序的运行结果是(　　)

A) 0　　B) 9　　C) 6　　D) 8

34. 有以下程序

```
#include <stdio.h>
void fun(char *a,char *b)
{while(*a= ='*')  a++;
while(*b=*a)  {b++;a++;}
}
main( )
{char *s="****a*b****",t[80];
fun(s,t) ; puts(t) ;
}
```

程序的运行结果是(　　)

A) *****a*b　　B) a*b　　C) a*b****　　D) ab

35. 有以下程序

```
#include <stdio.h>
#include <string.h>
typedef struct { char name[9]; char sex; float score[2]; } STU;
void f( STU a)
{ STU b={" Zhao" ,'m',85.0,90.0} ; int i;
strcpy(a.name,b.name) ;
a.sex=b.sex;
for(i=0;i<2;i++)  a.score[i]=b.score[i];
}
main( )
{ STU c={"Qian","'p',95.0,92.0};
f(c) ; printf("%s,%c,%2.0f,%2.0f\n",c.name,c.sex,c.score[0],c.score[1]) ;
}
```

程序的运行结果是(　　)

A) Qian,f,95,92　　B) Qian,m,85,90

C) Zhao,f,95,92　　D) Zhao,m,85,90

36. 有以下程序

```
#include <stdio.h>
main()
{FILE *fp; int a[10]={1,2,3},i,n;
fp=fopen("dl.dat","w") ;
for(i=0;i<3;i++)  fprintf(fp, "%d",a[i]) ;
fprintf(fp, "\n") ;
fclose(fp) ;
fp=fopen("dl.dat","r") ;
```

```
fscanf(fp, "%d",&n);
fclose(fp);
printf("%d\n",n);
}
```

程序的运行结果是(　　)

A) 12300　　B) 123　　C) 1　　D) 321

37．变量a中的数据用二进制表示的形式是01011101，变量b中的数据用二进制表示的形式是11110000。若要将a的高4位取反，低4位不变，所要执行的运算是(　　)

A) a^b　　B) a|b　　C) a&b　　D) a<<4

38．在C语言中，只有在使用时才占用内存单元的变量，其存储类型是(　　)

A) auto和register　　B) extern和register

C) auto和static　　D) static和register

39．设有定义语句int(*f) (int);,则以下叙述正确的是(　　)

A) f是基类型为int的指针变量

B) f是指向函数的指针变量，该函数具有一个int类型的形参

C) f是指向int类型一维数组的指针变量

D) f是函数名，该函数的返回值是基类型为int类型的地址

二、填空题(每空2分，共30分)

请将每一个空的正确答案写在答题卡序号【1】至【15】的横线上，答在试卷上不得分。

1．测试用例包括输入值集和【1】值集。

2．深度为5的满二叉树有【2】个叶子节点。

3．设某循环队列的容量为50，头指针front=5(指向队头元素的前一位置)，尾指针rear=29(指向队尾元素)，则该循环队列中共有【3】个元素。

4．在关系数据库中，用来表示实体之间联系的是【4】。

5．在数据库管理系统提供的数据定义语言、数据操纵语言和数据控制语言中，【5】负责数据的模式定义与数据的物理存取构建。

6．已有定义：char c=' ';int a=1,b;(此处c的初值为空格字符)，执行b=!c&&a;后b的值为【6】。

7．设变量已正确定义为整型，则表达式n=i=2,++i,i++的值为【7】。

8．若有定义：int k;，以下程序段的输出结果是【8】。

```
for(k=2;k<6;k++,k++)  printf("##%d",k);
```

9．以下程序段的定义语句中，x[1]的初值是【9】，程序运行后输出的内容是【10】。

```
#include<stdio.h>
main()
{ int x[]={1,2,3,4,5,6,7,8,9,10,11,12,13,14,15,16},*p[4],i;
for(i=0;i<4;i++)
{ p[i]=&x[2*i+1];
printf("%d ",p[i][0]);
}
printf("\n"); }
```

10．以下程序的输出结果是<u>【11】</u>。

```
#include<stdio.h>
void swap(int *a,int *b)
{ int *t;
t=a; a=b; b=t;
}
main()
{ int i=3,j=5,*p=&i,*q=&j;
swap(p,q) ; printf("%d %d\n",*p,*q) ;
}
```

11．以下程序的输出结果是<u>【12】</u>。

```
#include<stdio.h>
main()
{ int a[5]={2,4,6,8,10}, *p;
p=a; p++;
printf("%d",*p) ;
}
```

12．以下程序的输出结果是<u>【13】</u>。

```
#include<stdio.h>
void fun(int x)
{ if(x/2>0)   fun(x/2) ;
printf("%d ",x) ;
}
main()
{fun(3) ; printf("\n") ;}
```

13．以下程序中函数 fun 的功能是：统计 person 所指结构体数组中所有性别(sex) 为 M 的记录的个数，存入变量 n 中，并作为函数值返回。请填空：

```
#include<stdio.h>
#define N 3
typedef struct
{int num;char nam[10]; char sex;}SS;
int fun(SS person[])
{int i,n=0;
for(i=0;i<N;i++)
if(【14】=='M' )   n++;
return n;
}
main()
{SS W[N]={{1， "AA",'F'},{2, "BB",'M'},{3, "CC",'M'}}; int n;
n=fun(W) ; printf(" n=%d\n",n) ; }
```

14. 以下程序从名为 filea.dat 的文本文件中逐个读入字符并显示在屏幕上。请填空：

```
#include<stdio.h>
main()
{FILE *fp; char ch;
fp=fopen(【15】);
ch=fgetc(fp) ;
whlie(!feof(fp) )  { putchar(ch) ; ch=fgetc(fp) ;}
putchar(' \n') ; fclose(fp) ; }
```

2008年4月全国计算机等级考试二级C笔试参考答案

一、选择题

1~10: CABBA DBCDC

11~20: CCBCB DBBBD

21~30: DADCA DDDAB

31~40: CCACC ABAAB

二、填空题

【1】输出

【2】16

【3】24

【4】关系

【5】数据定义语言

【6】0

【7】3

【8】# #2# #4

【9】2

【10】2 4 6 8

【11】3 5

【12】4

【13】1 3

【14】person[i].sex

【15】"filea.dat","r"

2008年9月全国计算机等级考试二级C笔试试题

（考试时间90分钟，满分100分）

一、选择题（共70分）

下列各题A）、B）、C）、D）四个选项中，只有一个选项是正确的。请将正确选项涂写在答题卡相应位置上，答在试卷上不得分。

1．一个栈的初始状态为空。现将元素1、2、3、4、5、A、B、C、D、E依次入栈，然后再依次出栈，则元素出栈的顺序是(　　)

A）12345ABCDE　　B）EDCBA54321

C）ABCDE12345　　D）54321EDCBA

2．下列叙述中正确的是(　　)

A）循环队列有队头和队尾两个指针，因此，循环队列是非线性结构

B）在循环队列中，只需要队头指针就能反映队列中元素的动态变化情况

C）在循环队列中，只需要队尾指针就能反映队列中元素的动态变化情况

D）循环队列中元素的个数是由队头和队尾指针共同决定的

3．在长度为n的有序线性表中进行二分查找，最坏情况下需要比较的次数是(　　)

A）O(N)　　B）O(n2)　　C）O(log2n)　　D）O(n log2n)

4．下列叙述中正确的是(　　)

A）顺序存储结构的存储一定是连续的，链式存储结构的存储空间不一定是连续的

B）顺序存储结构只针对线性结构，链式存储结构只针对非线性结构

C）顺序存储结构能存储有序表，链式存储结构不能存储有序表

D）链式存储结构比顺序存储结构节省存储空间

5．数据流图中带有箭头的线段表示的是(　　)

A）控制流　　B）事件驱动　　C）模块调用　　D）数据流

6．在软件开发中，需求分析阶段可以使用的工具是(　　)

A）N-S图　　B）DFD图　　C）PAD图　　D）程序流程图

7．在面向对象方法中，不属于“对象”基本特点的是(　　)

A）一致性　　B）分类性　　C）多态性　　D）标识唯一性

8．一间宿舍可住多个学生，则实体宿舍和学生之间的联系是(　　)

A）一对一　　B）一对多　　C）多对一　　D）多对多

9．在数据管理技术发展的三个阶段中，数据共享最好的是(　　)

A）人工管理阶段　　B）文件系统阶段

C）数据库系统阶段　　D）三个阶段相同

10．有三个关系 R、S 和 T 如下：

A B C

m 1 3

R S T

A B

m 1

n 2

B C

1 3

3 5

由关系 R 和 S 通过运算得到关系 T，则所使用的运算为(　　)

A）笛卡尔积　　B）交　　C）并　　D）自然连接

11．以下叙述中正确的是(　　)

A）C 程序的基本组成单位是语句　　B）C 程序中每一行只能写一条语句

C）简单 C 语句必须以分号结束　　D）C 语句必须在一行内写完

12．计算机能直接执行的程序是(　　)

A）源程序　　B）目标程序　　C）汇编程序　　D）可执行程序

13．以下选项中不能作为 C 语言合法常量的是(　　)

A）'cd'　　B）0.1e+6　　C）"\a"　　D）"\011"

14．以下选项中正确的定义语句是(　　)

A）double a;b;　　B）double a=b=7;　　C）double a=7,b=7;　　D）double ,a,b;

15．以下不能正确表示代数式 的 C 语言表达式是(　　)

A）2*a*b/c/d　　B）a*b/c/d*2　　C）a/c/d*b*2　　D）2*a*b/c*d

16．C 源程序中不能表示的数制是(　　)

A) 二进制　　B) 八进制　　C) 十进制　　D) 十六进制

17．若有表达式(w) ?(--x) :(++y) ,则其中与 w 等价的表达式是(　　)

A） w= =1　　B） w= =0　　C）w!=1　　D） w!=0

18．执行以下程序段后,w 的值为(　　)

```
int  w='A',x=14,y=15;
 w=((x||y) &&(w<'a')) ;
```

A）-1　　B）NULL　　C）1　　D）0

19．若变量已正确定义为 int 型,要通过语句 scanf(" %d,%d,%d ",&a,&b,&c) ;给 a 赋值 1, 给 b 赋值 2, 给 c 赋值 3, 以下输入形式中错误的是(u 代表一个空格符) (　　)

A）uuu1,2,3<回车>　　B）1u2u3<回车>

C）1,uuu2, uuu3<回车>　　D）1,2,3<回车>

20．有以下程序段

```
int   a,b,c;
a=10; b=50; c=30;
if(a>b) a=b,b=c;c=a;
```

printf(" a=%d b=%d c=%d \n",a,b,c) ;

程序的输出结果是(　　)

A) a=10 b=50 c=10　　　　B) a=10 b=50 c=30

C) a=10 b=30 c=10　　　　D) a=50 b=30 c=50

21．若有定义语句:int m[]={5,4,3,2,1},i=4;,则下面对 m 数组元素的引用中错误的是(　　)

A） m[--i]　　B）m[2*2]　　C）m[m[0]]　　D）m[m]

22．下面的函数调用语句中 func 函数的实参个数是(　　)

func(f2(v1,v2) ,(v3,v4,v5) ,(v6,max(v7,v8))) ;

A）3　　B）4　　C）5　　D）8

23．若有定义语句：double x[5]={1.0,2.0,3.0,4.0,5.0},*p=x;则错误引用 x 数组元素的是(　　)

A）*p　　B）x[5]　　C）*(p+1)　　D）*x

24． 若有定义语句：char s[10]= "1234567\0\0 ";,则 strlen(s) 的值是(　　)

A）7　B）8　C）9　D）10

25．以下叙述中错误的是(　　)

A）用户定义的函数中可以没有 return 语句

B）用户定义的函数中可以有多个 return 语句，以便可以调用一次返回多个函数值

C）用户定义的函数中若没有 return 语句，则应当定义函数为 void 类型

D）函数的 return 语句中可以没有表达式

26．以下关于宏的叙述中正确的是(　　)

A）宏名必须用大写字母表示　　B）宏定义必须位于源程序中所有语句之前

C）宏替换没有数据类型限制　　D）宏调用比函数调用耗费时间

27．有以下程序

```
#include <stdio.h>
main()
{
 int i,j;
 for(i=3;i>=1;i--)
 { for(j=1;j<=2;j++)   printf("%d",i+j) ;
   printf("\n ")
 }
}
```

程序的运行结果是(　　)

```
A) 2 3 4     B) 4 3 2     C) 2 3     D) 4 5
   3 4 5        5 4 3        3 4        3 4
                             4 5        2 3
```

28．有以下程序

```
#include <stdio.h>
main()
```

```
{
 int  x=1,y=2,z=3;
 if(x>y)
 if(y<z)  printf("%d",++z);
 else  printf("%d",++y);
 printf("%d\n", x++);
}
```

程序的运行结果是(　　)

A）331　　B）41　　C）2　　D）1

29.有以下程序

```
#include <stdio.h>
main()
{ int  i=5;
  do
  { if(i%3= =1)
     if(i%5= =2)
      { printf("*%d",i); break; }
    i++;
  } while(i!=0);
  printf("\n");
}
```

程序的运行结果是(　　)

A）*7　　B）*3*5　　C）*5　　D）*2*6

30. 有以下程序

```
#include <stdio.h>
int fun(int  a,int  b)
{ if(b==0)  return a;
 else   return(fun(--a, --b));
}
main()
{ printf("%d\n", fun(4,2));}
```

程序的运行结果是(　　)

A）1　　B）2　　C）3　　D）4

31. 有以下程序

```
#include <stdio.h>
#include <stdlib.h>
int  fun(int  n)
{ int  *p;
  p=(int*) malloc(sizeof(int));
```

```
  *p=n;  return  *p;
}
main()
{  int  a;
  a = fun(10) ;   printf("%d\n",a+fun(10) ) ;
}
```

程序的运行结果是(　　)

A）0　　B）10　　C）20　　D）出错

32．有以下程序

```
#include  <stdio.h>
void  fun( int  a,  int  b)
{  int  t;
  t=a;  a=b;  b=t;
}
main()
{  int  c[10]={1,2,3,4,5,6,7,8,9,0}, i;
  for(i=0;i<10;i+=2)  fun(c, c[i+1]) ;
  for(i=0;i<10;i++)  printf("%d," ,c) ;
  printf("\n") ;
}
```

程序的运行结果是(　　)

A）1,2,3,4,5,6,7,8,9,0　　B）2,1,4,3,6,5,8,7,0,9

C）0,9,8,7,6,5,4,3,2,1　　D）0,1,2,3,4,5,6,7,8,9

33．有以下程序

```
#include  <stdio.h>
struct  st
{  int  x, y;}  data[2]={1,10,2,20};
main()
{  struct  st  *p=data;
  printf("%d,",p->y) ;  printf("%d\n",(++p) ->x) ;
}
```

程序的运行结果是(　　)

A）10,1　B）20,1　C）10,2　D）20,2

34．有以下程序

```
#include  <stdio.h>
void fun(int  a[], int  n)
{  int  i,t;
  for(i=0;i<n/2;i++)  { t=a;  a=a[n-1-i];  a[n-1-i]=t;}
}
```

```
main()
{ int k[10]={1,2,3,4,5,6,7,8,9,10},i;
  fun(k,5) ;
  for(i=2;i<8;i++)  printf("%d",k) ;
  printf("\n") ;
}
```

程序的运行结果是(　　)

A）345678　　B）876543　　C）1098765　　D）321678

35．有以下程序

```
#include <stdio.h>
#define  N  4
void fun(int  a[][N], int  b[])
{  int  i;
   for(i=0;i<N;i++)   b = a;
}
main()
{ int  x[][N]={{1,2,3},{4},{5,6,7,8},{9,10}},y[N],i;
  fun(x,y) ;
  for(i=0;i<N;i++)   printf("%d,",y) ;
  printf("\n") ;
}
```

程序的运行结果是(　　)

A）1,2,3,4,　　B）1,0,7,0,　　C）1,4,5,9,　　D）3,4,8,10,

36．有以下程序

```
#include <stdio.h>
int fun(int  (*s) [4],int n, int k)
{ int   m,i;
  m=s[0][k];
  for(i=1;i<n;i++)    if(s[k]>m) m= s[k];
  return  m;
}
main()
{ int  a[4][4]={{1,2,3,4},{11,12,13,14},{21,22,23,24},{31,32,33,34}};
  printf("%d\n",fun(a,4,0) ) ;
}
```

程序的运行结果是(　　)

A）4　　B）34　　C）31　　D）32

37．有以下程序

```
#include <stdio.h>
```

```
main()
{
 struct STU { char name[9]; char sex; double score[2];};
 struct STU a={"Zhao",'m',85.0,90.0},b={"Qian",'f',95.0,92.0};
 b=a;
 printf("%s,%c,%2.0f,%2.0f\n", b.name, b.sex, b.score[0], b.score[1]) ;
}
```

程序的运行结果是(　　)

A) Qian,f,95,92　B) Qian,m,85,90　C) Zhao,f,95,92　D) Zhao,m,85,90

38．有以下程序

```
#include <stdio.h>
main()
{ char a=4;
  printf("%d\n",a=a<<1) ;
}
```

程序的运行结果是(　　)

A) 40　　B) 16　　C) 8　　D) 4

39．有以下程序

```
#include <stdio.h>
main()
{ FILE  *pf;
 char *s1="China", *s2="Beijing";
 pf=fopen("abc.dat","wb+") ;
 fwrite(s2,7,1,pf) ;
 rewind(pf) ;       /*文件位置指针回到文件开头*/
 fwrite(s1,5,1,pf) ;
 fclose(pf) ;
}
```

以上程序执行后abc.dat文件的内容是(　　)

A) China　B) Chinang　C) ChinaBeijing　D) BeijingChina

二、填空题（每空2分，共30分）

请将每一个空的正确答案写在答题卡序号【1】至【15】的横线上，答在试卷上不得分。

1．对下列二叉树进行中序遍历的结果是 __【1】__ 。

2．按照软件测试的一般步骤，集成测试应在 __【2】__ 测试之后进行。

3．软件工程三要素包括方法、工具和过程，其中， __【3】__ 支持软件开发的各个环节的控制和管理。

4．数据库设计包括概念设计、 __【4】__ 和物理设计。

5．在二维表中，元组的 __【5】__ 不能再分成更小的数据项。

6．设变量a和b已正确定义并赋初值。请写出与a-=a+b等价的赋值表达式 __【6】__ 。

7．若整型变量 a 和 b 中的值分别为 7 和 9，要求按以下格式输出 a 和 b 的值：

a=7

b=9

请完成输出语句：printf("【7】",a,b)；

8．以下程序的输出结果是 【8】 。

```
#include<stdio.h>
main()
{
 int i,j,sum;
 for(i=3;i>=1;i--)
 {
  sum=0;
  for(j=1;j<=i;j++)    sum+=i*j;
 }
 printf("%d\n",sum) ;
}
```

9．以下程序的输出结果是 【9】 。

```
#include<stdio.h>
main()
{ int j,a[]={1,3,5,7,9,11,13,15},*p=a+5;
  for(j=3;j;j--)
   { switch(j)
   {    case 1:
  case 2:printf("%d",*p++) ; break;
  case 3:printf("%d",*( --p) ) ;

   }
   }
}
```

10．以下程序的输出结果是【10】。

```
#include<stdio.h>
#define   N  5
int fun(int *s,int a ,int n)
{ int j;
 *s=a; j=n;
 while(a!=s[j])  j--;
 return j;
}
main()
```

```
{ int s[N+1];  int k;
 for(k=1;k<=N;k++)  s[k]=k+1;
 printf("%d\n",fun(s,4,N));
}
```

11．以下程序的输出结果是 【11】 。

```
#include <stdio.h>
int fun(int x)
{ static int t=0;
 return(t+=x);
}
main()
{ int s,i;
 for(i=1;i<=5;i++)  s=fun(i);
 printf("%d\n",s);
}
```

12．以下程序按下面指定的数据给 x 数组的下三角置数，并按如下形式输出，请填空。

```
4
3   7
2   6   9
1   5   8   10
#include <stdio.h>
main()
{ int x[4][4],n=0,i,j;
 for(j=0;j<4;j++)
  for(i=3;i>=j; 【12】 ) {n++;x[j]= 【13】 }
 for(i=0;i<4;i++)
 { for(j=0;j<=i;j++)  printf("=",x[j]);
  printf("\n");
 }
}
```

13．以下程序的功能是：通过函数 func 输入字符并统计输入字符的个数。输入时用字符@作为输入结束标志。请填空。

```
#include <stdio.h>
long 【14】    /* 函数说明语句 */
main()
{ long n;
 n=func(); printf("n=%ld\n",n);
}
long func()
```

```
{ long m;
 for(m=0;getchar() !='@'; 【15】 ) ;
 return m;
}
```

2008年9月全国计算机等级考试二级C笔试参考答案

一、选择题

1~10 BDCAD BABCD

11~20 CDACD ADCBA

21~30 CABAB CDDAB

31~40 CACDB CDDCB

二、填空题

【1】DBXEAYFZC

【2】单元

【3】过程

【4】逻辑设计

【5】分量

【6】a=a- (a+b)

【7】a=%d\nb=%d

【8】1

【9】9911

【10】3

【11】15

【12】i--

【13】n

【14】func()

【15】m++

2009年4月全国计算机等级考试二级C笔试试题

一、选择题（共70分）

1．下列叙述中正确的是(　　)

A) 栈是先进先出的线性表

B) 队列是“先进后出”的线性表

C) 循环队列是非线性结构

D) 有序线性表即可以采用顺序存储结构,也可以采用链式存储结构

2．支持子程序调用的数据结构是(　　)

A) 栈　　B) 树　　C) 队列　　D) 二叉树

3．某二叉树有5个读为2的节点,则该二叉树中的叶子节点数是(　　)

A) 10　　B) 8　　C) 6　　D) 4

4．下列排序方法中,最坏情况下比较次数最少的是(　　)

A) 冒泡排序　　B) 简单选择排序

C) 直接插入排序　　D) 堆排序

5．软件按功能可以分为:应用软件、系统软件和支撑软件(或工具软件)。下列属于应用软件的是(　　)

A) 编译程序　　B) 操作系统

C) 教务管理系统　　D) 汇编程序

6．下面叙述中错误的是(　　)

A) 软件测试的目的是发现错误并改正错误

B) 对被调试程序进行“错误定位”是程序调试的必要步骤

C) 程序调试也成为 Debug

D) 软件测试应严格执行测试计划，排除测试的随意性

7．耦合性和内聚性是对模块独立性度量的两个标准。下列叙述中正确的是(　　)

A) 提高耦合性降低内聚性有利于提高模块的独立性

B) 降低耦合性提高内聚性有利于提高模块的独立性

C) 耦合性是指一个模块内部各个元素间彼此结合的紧密程度

D) 内聚性是指模块间互相连接的紧密程度

8．数据库应用系统中的核心问题是(　　)

A) 数据库设计　　B) 数据库系统设计

C) 数据库维护　　D) 数据库管理员培训

9．有两个关系R,S如下：由关系R通过运算得到关系S,则所使用的运算为(　　)

A) 选择　　B) 投影　　C) 插入　　D) 连接

10．将E-R图转换为关系模式时,实体和联系都可以表示为(　　)

A) 属性　　B) 键　　C) 关系　　D) 域

11．以下选项中合法的标识符是(　　)

A) 1_1　　B) 1-1　　C) _11　　D) 1_ _

12．若函数中有定义语句:int k;,则(　　)

A) 系统将自动给k赋初值0

B) 这是k中的值无定义

C) 系统将自动给k赋初值-1

D) 这时k中无任何值

13．以下选项中，能用做数据常量的是(　　)

A) o115　　B) 0118　　C) 1.5e1.5　　D) 115L

14．设有定义:int x=2;,以下表达式中,值不为6的是(　　)

A) x*=x+1　　B) X++,2*x　　C) x*=(1+x)　　D) 2*x,x+=2

15．程序段:int x=12; double y=3.141593;printf("%d%8.6f",x,y) ;的输出结果是(　　)

A) 123.141593　　B) 12 3.141593

C) 12,3.141593　　D) 123.1415930

16．若有定义语句:double x,y,*px,*py;执行了 px=&x;py=&y;之后,正确的输入语句是(　　)

A) scanf("%f%f",x,y) ;　　B) scanf("%f%f" &x,&y) ;

C) scanf("%lf%le",px,py) ;　　D) scanf("%lf%lf",x,y) ;

17．以下是if语句的基本形式:

if(表达式)　语句

其中“表达式”为(　　)

A) 必须是逻辑表达式

B) 必须是关系表达式

C) 必须是逻辑表达式或关系表达式

D) 可以是任意合法的表达式

18. 有以下程序

```
#include <stdio.h>
main()
{ int x;
  scanf("%d",&x) ;
  if(x<=3)  ; else
  if(x!=10)  printf("%d\n",x) ;
}
```

程序运行时,输入的值在哪个范围才会有输出结果(　　)

A) 不等于10的整数

B) 大于3且不等于10的整数

C) 大于3或等于10的整数

D) 小于 3 的整数

19.有以下程序

```
#include <stdio.h>
main()
{ int a=1,b=2,c=3,d=0;
   if (a= =1 && b++==2)
   if (b!=2||c--!=3)
        printf("%d,%d,%d\n",a,b,c) ;
   else printf("%d,%d,%d\n",a,b,c) ;
   else printf("%d,%d,%d\n",a,b,c) ;
}
```

程序运行后输出结果是(　　)

A) 1,2,3　　B) 1,3,2　　C) 1,3,3　　D) 3,2,1

20．以下程序段中的变量已正确定义

```
for(i=0;i<4;i++,j++)
   for(k=1;k<3;k++) ; printf("*") ;
```

程序段的输出结果是(　　)

A) ********　　B) ****　　C) **　　D) *

21．有以下程序

```
#include <stdio.h>
main()
{ char *s={"ABC"};
   do
   { printf("%d",*s%10) ;s++;
   }
   while (*s) ;
}
```

注意:字母 A 的 ASCII 码值为 65。程序运行后的输出结果是(　　)

A) 5670　　B) 656667　　C) 567　　D) ABC

22.设变量已正确定义,以下不能统计出一行中输入字符个数(不包含回车符)的程序段是(　　)

A) n=0;while((ch=getchar()) !=~\n~) n++;

B) n=0;while(getchar() !=~\n~) n++;

C) for(n=0;getchar() !=~\n~;n++) ;

D) n=0;for(ch=getchar() ;ch!=~\n~;n++) ;

23．有以下程序

```
#include <stdio.h>
main()
{ int a1,a2; char c1,c2;
```

```
  scanf("%d%c%d%c",&a1,&c1,&a2,&c2) ;
  printf("%d,%c,%d,%c",a1,c1,a2,c2) ;
}
```

若通过键盘输入，使得a1的值为12，a2的值为34，c1的值为字符a，c2的值为字符b,

程序输出结果是:12，a，34，b 则正确的输入格式是(以下_代表空格，<CR>代表回车) (　　)

A) 12a34b<CR>　　B) 12_a_34_b<CR>

C) 12,a,34,b<CR>　　D) 12_a34_b<CR>

24．有以下程序

```
#include <stdio.h>
int f(int x,int y)
{ return ((y-x) *x) ;}
main()
{ int a=3,b=4,c=5,d;
  d=f(f(a,b) ,f(a,c) ) ;
  printf("%d\n",d) ;
}
```

程序运行后的输出结果是(　　)

A) 10　　B) 9　　C) 8　　D) 7

25．有以下程序

```
#include <stdio.h>
void fun(char *s)
{ while(*s)
   { if (*s%2= =0)  printf("%c",*s) ;
     s++;
   }
}
main()
{ char a[]={"good"};
   fun(a) ; printf("\n") ;
}
```

注意:字母a的ASCII码值为97，程序运行后的输出结果是(　　)

A) d　　B) go　　C) god　　D) good

26．有以下程序

```
#include <stdio.h>
void fun(int *a,int *b)
{ int *c;
   c=a;a=b;b=c;
```

```
}
main()
{ int x=3,y=5,*p=&x,*q=&y;
  fun(p,q) ; printf("%d,%d,",*p,*q) ;
   fun(&x,&y) ;printf("%d,%d\n",*p,*q) ;
}
```

程序运行后输出的结果是(　　)

A) 3,5,5,3　　B) 3,5,3,5　　C) 5,3,3,5　　D) 5,3,5,3

27. 有以下程序

```
#include <stdio.h>
void f(int *p,int *q) ;
main()
{ int m=1,n=2,*r=&m;
   f(r,&n) ; printf("%d,%d",m,n) ;
}
void f(int *p,int *q)
{p=p+1;*q=*q+1;}
```

程序运行后的输出结果是(　　)

A) 1,3　　B) 2,3　　C) 1,4　　D) 1,2

28. 以下函数按每行 8 个输出数组中的数据

```
#include <stdio.h>
void fun(int *w,int n)
{   int i;
    for(i=0;i<n;i++)
    { ____________
  printf("%d ",w[i]) ;
    }
    printf("\n") ;


}
```

下划线处应填入的语句是(　　)

A) if(i/8= =0)　printf("\n") ;

B) if(i/8= =0)　continue;

C) if(i%8= =0)　printf("\n") ;

D) if(i%8= =0)　continue;

29. 若有以下定义

int x[10],*pt=x;

则对数组元素的正确引用是(　　)

A) *&x[10]　　B) *(x+3)　　C) *(pt+10)　　D) pt+3

30．设有定义:char s[81];int i=0;,以下不能将一行(不超过80个字符)带有空格的字符串正确读入的语句或语句组是(　　)

A) gets(s) ;

B) while((s[i++]=getchar()) !=~\n~) ;s[i]=~\0~;

C) scanf("%s",s) ;

D) do{scanf("%c",&s[i]) ;}while(s[i++]!=~\n~) ;s[i]=~\0~;

31．有以下程序

```
#include <stdio.h>
main()
{ char *a[]={"abcd","ef","gh","ijk"};int i;
   for(i=0;i<4;i++)   printf("%c",*a[i]) ;
}
```

程序运行后的输出结果是(　　)

A) aegi　　B) dfhk　　C) dfhk　　D) abcdefghijk

32．以下选项中正确的语句组是(　　)

A) char s[];s="BOOK!";

B) char *s;s={"BOOK!"};

C) char s[10];s="BOOK!";

D) char *s;s="BOOK!";

33．有以下程序

```
#include <stdio.h>
int fun(int x,int y)
{ if(x==y)   return (x) ;
   else return((x+y) /2) ;
}
main()
{ int a=4,b=5,c=6;
   printf("%d\n",fun(2*a,fun(b,c) ) ) ;
}
```

程序运行后的输出结果是(　　)

A) 3　　B) 6　　C) 8　　D) 12

34. 设函数中有整型变量n,为保证其在未赋初值的情况下初值为0,应该选择的存储类别是(　　)

A) auto　　B) register　　C) static　　D) auto 或 register

35．有以下程序

```
#include <stdio.h>
int b=2;
int fun(int *k)
{ b=*k+b;return (b) ;}
```

```
main()
{ int a[10]={1,2,3,4,5,6,7,8},i;
for(i=2;i<4;i++)  {b=fun(&a[i]) +b; printf("%d ",b) ;}
printf("\n") ;
}
```

程序运行后的输出结果是(　　)

A) 10 12　　B) 8 10　　C) 10 28　　D) 10 16

36．有以下程序

```
#include <stdio.h>
#define PT 3.5 ;
#define S(x)   PT*x*x ;
main()
{ int a=1,b=2 ;   printf("%4.1f\n",S(a+b) ) ;}
```

程序运行后的输出结果是(　　)

A) 14.0　　B) 31.5　　C) 7.5　　D) 程序有错无输出结果

37．有以下程序

```
#include <stdio.h>
struct ord
{ int x,y; } dt[2]={1,2,3,4};
main()
{ struct ord *p=dt;
   printf("%d,",++p->x) ; printf("%d\n",++p->y) ;
}
```

程序的运行结果是(　　)

A) 1,2　　B) 2,3　　C) 3,4　　D) 4,1

38．设有宏定义:#define IsDIV(k,n)　((k%n==1) ?1:0) 且变量 m 已正确定义并赋值，则宏调用:IsDIV(m,5) &&IsDIV(m,7) 为真时所要表达的是(　　)

A) 判断 m 是否能被 5 或者 7 整除

B) 判断 m 是否能被 5 和 7 整除

C) 判断 m 被 5 或者 7 整除是否余 1

D) 判断 m 被 5 和 7 整除是否都余 1

39．有以下程序

```
#include <stdio.h>
main()
{ int a=5,b=1,t;
   t=(a<<2) |b; printf("%d\n",t) ;
}
```

程序运行后的输出结果是(　　)

A) 21　　B) 11　　C) 6　　D) 1

40．有以下程序

```
#include <stdio.h>
main()
{ FILE *f;
   f=fopen("filea.txt","w") ;
   fprintf(f,"abc") ;
   fclose(f) ;
}
```

若文本文件 filea.txt 中原有内容为:hello,则运行以上程序后,文件 filea.txt 的内容为(　　)

A) helloabc　　B) abclo　　C) abc　　D) abchello

二、填空题（每空 2 分，共计 30 分）

1. 假设用一个长度为 50 的数组(数组元素的下标从 0 到 49)作为栈的存储空间，栈底指针 bottom 指向栈底元素，栈顶指针 top 指向栈顶元素，如果 bottom=49，top=30(数组下标)，则栈中具有<u>【1】</u>个元素。

2. 软件测试可分为白盒测试和黑盒测试。基本路径测试属于<u>【2】</u>测试。

3.符合结构化原则的三种基本控制结构是:选择结构、循环结构和<u>【3】</u>。

4.数据库系统的核心是<u>【4】</u>。

5.在 E-R 图中，图形包括矩形框、菱形框、椭圆框。其中表示实体联系的是<u>【5】</u>框。

6.表达式(int)((double)(5/2)+2.5)的值是<u>【6】</u>。

7.若变量 x，y 已定义为 int 类型且 x 的值为 99，y 的值为 9，请将输出语 printf(<u>【7】</u>, x/y);　补充完整，使其输出的计算结果形式为: x/y=11。

8.有以下程序

```
#include  <stdio.h>
main()
{  char  c1，c2;
    scanf("%c"，&c1);
    while(c1<65||c1>90)  scanf("%c"，&c1);
    c2=c1+32;
    printf("%c，%c\n"，c1，c2);
}
```

程序运行输入 65 回车后，能否输出结果，结束运行(请回答能或不能)<u>【8】</u>。

9.以下程序运行后的输出结果是<u>【9】</u>。

```
#include  <stdio.h>
main()
{  int  k=1，s=0;
    do{
            if((k%2)!=0)  continue;
    s+=k;k++;
```

```
    }while(k>10);
    printf("s=%d\n", s);
}
```

10.下列程序运行时，若输入 labcedf2df<回车>输出结果为<u>【10】</u>。

```
#include  <stdio.h>
main()
{  char  a=0, ch;
   while((ch=getch())!='\n')
   {   if(a%2!=0&&(ch>='a'&&ch<='z')) ch=ch-'a'+'A';
       a++;
       putchar(ch);
   }
   printf("\n");
}
```

11.有以下程序，程序执行后，输出结果是<u>【11】</u>。

```
#include  <stdio.h>
void  fun(int  *a)
{  a[0]=a[1];}

main()
{  int  a[10]={10, 9, 8, 7, 6, 5, 4, 3, 2, 1}, i;
   for(i=2;i>=0;i--)  fun(&a[i]);
   for(i=0;i<10;i++)  printf("%d", a[i]);
   printf("\n");
}
```

12.请将以下程序中的函数声明语句补充完整。

```
#include  <stdio.h>
int  【12】;
main()
{  int  x, y, (*p)();
   scanf("%d%d", &x, &y);
   p=max;
   printf("%d\n", (*p)(x, y));
}
int  max(int  a, int  b)
{  return  (a>b?a:b);}
```

13.以下程序用来判断指定文件是否能正常打开，请填空。

```
#include  <stdio.h>
int  max(int  a, int  b);
main()
```

```
{  FILE  *fp;
    if(((fp=fopen())==【13】))
    printf("未能打开文件!\n");
    else
    printf("文件打开成功!\n");
}
```

14.下列程序的运行结果为【14】。

```
#include  <stdio.h>
#include  <string.h>
struct  A
{int  a;  char  b[10];double  c;};
void  f(struct  A  *t);
main()
{  struct  A  a={1001，"ZhangDa"，1098.0};
    f(&a);  printf("%d，%s，%6.1f\n"，a.a，a.b，a.c);
}
void  f(struct  A  *t)
{  strcpy(t->b，"ChangRong");}
```

15.以下程序把三个NODETYPE型的变量链接成一个简单的链表，并在while循环中输出链表节点数据域中的数据，请填空。

```
#include <stdio.h>
struct node
{int data; struct node *next;};
typedef struct node NODETYPE;

main()
{ NODETYPE a，b，c，*h，*p;
a.data=10;b.data=20;c.data=30;h=&a;
a.next=&b;b.next=&c;c.next='\0';
p=h;
while(p){printf("%d，"，  p->data);【15】; }
printf("\n");
}
```

2009年4月全国计算机等级考试二级C笔试参考答案

一、选择题

1~10：DACDC　ABABC

11~20：CBDDA　CDBCB

21~30：CDABA　BACBC

31~40：ADBCC　CBDAC

二、填空题

【1】19

【2】白盒

【3】顺序结构

【4】数据库管理系统（DBMS）

【5】菱形

【6】4

【7】"x/y=%d"

【8】能

【9】s=0

【10】1AbCeDf2dF

【11】7777654321

【12】max(int a,int b)

【13】NULL

【14】1001,ChangRong,1098.0

【15】p=p->next

2009年9月全国计算机等级考试二级C笔试试题

一、选择题（共70分）

1. 下列数据结构中，属于非线性结构的是（　　）。

A）循环队列　B) 带链队列　C) 二叉树　D）带链栈

2. 下列数据结果中，能够按照"先进后出"原则存取数据的是（　　）。

A) 循环队列　B) 栈　C) 队列　D) 二叉树

3. 对于循环队列，下列叙述中正确的是（　　）。

A）队头指针是固定不变的

B）队头指针一定大于队尾指针

C）队头指针一定小于队尾指针

D）队头指针可以大于队尾指针，也可以小于队尾指针

4. 算法的空间复杂度是指（　　）。

A）算法在执行过程中所需要的计算机存储空间

B）算法所处理的数据量

C）算法程序中的语句或指令条数

D）算法在执行过程中所需要的临时工作单元数

5. 软件设计中划分模块的一个准则是（　　）。

A) 低内聚低耦合　B) 高内聚低耦合

C) 低内聚高耦合　D) 高内聚高耦合

6. 下列选项中不属于结构化程序设计原则的是（　　）。

A) 可封装　D) 自顶向下　C) 模块化　D) 逐步求精

7. 软件详细设计产生的图如下：

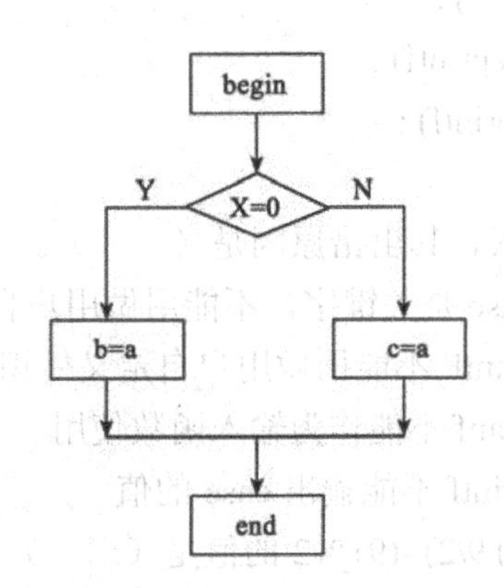

该图是（　　）。

A) N-S图　　B) PAD图　　C) 程序流程图　　D) E-R图

8．数据库管理系统是（　　）。

A）操作系统的一部分　　B) 在操作系统支持下的系统软件

C) 一种编译系统　　D) 一种操作系统

9．在E-R图中，用来表示实体联系的图形是（　　）。

A) 椭圆图　　B) 矩形　　C) 菱形　　D) 三角形

10．有三个关系R，S和T如下：

R

A	B	C
a	1	2
b	2	1
c	3	1

S

A	B	C
d	3	2

T

A	B	C
a	1	2
b	2	1
c	3	1
d	3	2

其中关系T由关系R和S通过某种操作得到，该操作为（　　）。

A) 选择　　B) 投影　　C) 交　　D) 并

11．以下叙述中正确的是（　　）。

A）程序设计的任务就是编写程序代码并上机调试

B）程序设计的任务就是确定所用数据结构

C）程序设计的任务就是确定所用算法

D）以上三种说法都不完整

12．以下选项中，能用作用户标识符的是（　　）。

A）void　　B）8_8　　C）_0_　　D）unsigned

13．阅读以下程序

```
#include <stdio.h>
main()
{ int case; float printf;
printf("请输入2个数：");
scanf("%d %f",&case,&printf);
printf("%d %f\n",case,printf);
}
```

该程序编译时产生错误，其出错原因是（　　）。

A）定义语句出错，case是关键字，不能用做用户自定义标识符

B）定义语句出错，printF不能用做用户自定义标识符

C）定义语句无错，scanf不能作为输入函数使用

D）定义语句无错，printf不能输出case的值

14．表达式：(int) ((double) 9/2) -(9) %2 的值是（　　）。

A）0　　B）3　　C）4　　D）5

15．若有定义语句：int x=10;，则表达式 x-=x+x 的值为（　　）。

A）-20　　B）-10　　C）0　　D）10

16．有以下程序

```
#include <stdio.h>
main()
{ int a=1,b=0;
   printf("%d, ",b=a+b);
   printf("%d\n",a=2*b);
}
```

程序运行后的输出结果是（　　）。

A）0,0　　B）1,0　　C）3,2　　D）1,2

17．设有定义：int a=1,b=2,c=3;，以下语句中执行效果与其他三个不同的是（　　）。

A）if(a>b) c=a,a=b,b=c;

B）if(a>b) {c=a,a=b,b=c;}

C）if(a>b) c=a;a=b;b=c;

D）if(a>b) {c=a;a=b;b=c;}

18．有以下程序

```
#include <stdio.h>
main()
{ int c=0,k;
  for (k=1;k<3;k++)
  switch (k)
  { default: c+=k
    case 2: c++;break;
    case 4: c+=2;break;
  }
  printf("%d\n",c);
}
```

程序运行后的输出结果是（　　）。

A）3　　B）5　　C）7　　D）9

19．以下程序段中，与语句：k=a>b?(b>c?1:0):0；功能相同的是（　　）。

A）if((a>b)&&(b>c)) k=1;
　　else k=0;

B）if((a>b)||(b>c) k=1;
　　else k=0;

C）if(a<=b) k=0;
　　else if(b<=c) k=1;

D）if(a>b) k=1;

```
    else if(b>c) k=1;
     else k=0;
```

20．有以下程序

```
#include <stdio.h>
main()
{ char s[]={"012xy"};int i,n=0;
for(i=0;s[i]!=0;i++)
    if(s[i]>='a'&&s[i]<='z') n++;
 printf(" %d\n",n);
}
```

程序运行后的输出结果是（　　）。

A）0　　B）2　　C）3　　D）5

21．有以下程序

```
#include <stdio.h>
main()
{ int n=2,k=0;
   while(k++&&n++>2);
   printf(" %d %d\n",k,n);
}
```

程序运行后的输出结果是（　　）。

A）0 2　　B）1 3　　C）5 7　　D）1 2

22．有以下定义语句，编译时会出现编译错误的是（　　）。

A）char a='a';　　B）char a='\n';

C）char a='aa';　　D）char a='\x2d';

23．有以下程序

```
#include <stdio.h>
main()
{ char c1,c2;
   c1='A'+'8'-'4';
   c2='A'+'8'-'5';
   printf("%c,%d\n",c1,c2);
}
```

已知字母A的ASCII码为65，程序运行后的输出结果是（　　）。

A）E,68　　B）D,69　　C）E,D　　D）输出无定值

24．有以下程序

```
#include <stdio.h>
void fun(int p)
{ int d=2;
   p=d++; printf(" %d",p);}
```

```
main()
{ int a=1;
 fun(a); printf(" %d\n",a);}
```

程序运行后的输出结果是（　　）。

A）32　　B）12　　C）21　　D）22

25．以下函数 findmax 拟实现在数组中查找最大值并作为函数值返回，但程序中有错导致不能实现预定功能

```
#define MIN -2147483647
int findmax (int x[],int n)
{ int i,max;
  for(i=0;i<n;i++)
  { max=MIN;
    if(max<x[i]) max=x[i];}
  return max;
}
```

造成错误的原因是（　　）。

A）定义语句 int i,max;中 max 未赋初值

B）赋值语句 max=MIN;中，不应给 max 赋 MIN 值

C）语句 if(max<x[i]) max=x[i];中判断条件设置错误

D）赋值语句 max=MIN;放错了位置

26．有以下程序

```
#include <stdio.h>
main()
{ int m=1,n=2,*p=&m,*q=&n,*r;
  r=p;p=q;q=r;
  printf("%d,%d,%d,%d\n",m,n,*p,*q);
}
```

程序运行后的输出结果是（　　）。

A）1,2,1,2　　B）1,2,2,1　　C）2,1,2,1　　D）2,1,1,2

27 若有定义语句：int a[4][10],*p,*q[4];且 0≤i≤4，则错误的赋值是（　　）。

A）p=a　　B）q[i]=a[i]　　C）p=a[i]　　D）p=&a[2][1]

28．有以下程序

```
#include <stdio.h>
#include<string.h>
main()
{ char str[ ][20]={ " One*World", " One*Dream! " },*p=str[1];
  printf(" %d, ",strlen(p));printf(" %s\n",p);
}
```

程序运行后的输出结果是（　　）。

A）9,One*World　　B）9,One*Dream

C）10,One*Dream　　D）10,One*World

29．有以下程序

```
#include <stdio.h>
main()
{ int a[ ]={2,3,5,4},i;
  for(i=0;i<4;i++)
  switch(i%2)
  { case 0:switch(a[i]%2)
          {case 0:a[i]++;break;
           case 1:a[i] --;
          }break;
     case 1:a[i]=0;
  }
  for(i=0;i<4;i++) printf(" %d",a[i]); printf(" \n");
}
```

程序运行后的输出结果是（　　）。

A）3 3 4 4　　B）2 0 5 0　　C）3 0 4 0　　D）0 3 0 4

30．有以下程序

```
#include <stdio.h>
#include <string.h>
main()
{ char a[10]= " abcd";
  printf(" %d,%d\n",strlen(a),sizeof(a));
}
```

程序运行后的输出结果是（　　）。

A）7,4　　B）4,10　　C）8,8　　D）10,10

31．下面是有关C语言字符数组的描述，其中错误的是（　　）。

A）不可以用赋值语句给字符数组名赋字符串

B）可以用输入语句把字符串整体输入给字符数组

C）字符数组中的内容不一定是字符串

D）字符数组只能存放字符串

32．下列函数的功能是（　　）。

```
fun(char * a,char * b)
{ while((*b=*a)!='\0') {a++,b++;} }
```

A）将a所指字符串赋给b所指空间

B）使指针b指向a所指字符串

C）将a所指字符串和b所指字符串进行比较

D）检查a和b所指字符串中是否有'\0'

33．设有以下函数

```
void fun(int n,char * s) {……}
```

则下面对函数指针的定义和赋值均是正确的是（　　）。

A）void (*pf)(); pf=fun;

B）void *pf(); pf=fun;

C）void *pf(); *pf=fun;

D）void (*pf)(int,char);pf=&fun;

34．有以下程序

```
#include <stdio.h>
int f(int n);
main()
{ int a=3,s;
  s=f(a);s=s+f(a);printf(" %d\n",s);
  }
  int f(int n)
  { static int a=1;
    n+=a++;
    return n;
  }
```

程序运行以后的输出结果是（　　）。

A）7　　B）8　　C）9　　D）10

35．有以下程序

```
#include <stdio.h>
#define f(x) x*x*x
main()
{ int a=3,s,t;
      s=f(a+1);t=f((a+1));
      printf(" %d,%d\n',s,t);
  }
```

程序运行后的输出结果是（　　）。

A）10,64　　B）10,10　　C）64,10　　D）64,64

36．下面结构体的定义语句中，错误的是（　　）。

A）struct ord {int x;int y;int z;}; struct ord a;

B）struct ord {int x;int y;int z;} struct ord a;

C）struct ord {int x;int y;int z;} a;

D）struct {int x;int y;int z;} a;

37．设有定义：char *c;，以下选项中能够使字符型指针c正确指向一个字符串的是（　　）。

A）char str[ ]=" string";c=str;

B）scanf(" %s",c);

C）c=getchar();

D）*c=" string";

38．有以下程序

```
#include <stdio.h>
#include<string.h>
struct A
{ int a; char b[10]; double c;};
struct A f(struct A t);
main()
{ struct A a={1001, " ZhangDa",1098.0};
a=f(a);jprintf(" %d,%s,%6.1f\n",a.a,a.b,a.c);
}
struct A f(struct A t)
( t.a=1002;strcpy(t.b, "ChangRong");t.c=1202.0;return t; )
```

程序运行后的输出结果是（　　）。

A）1001,ZhangDa,1098.0　　B）1001,ZhangDa,1202.0

C）1001,ChangRong,1098.0　　D）1001,ChangRong,1202.0

39．若有以下程序段

```
int r=8;
printf(" %d\n",r>>1);
```

输出结果是（　　）。

A）16　　B）8　　C）4　　D）2

40．下列关于C语言文件的叙述中正确的是（　　）。

A）文件由一系列数据依次排列组成，只能构成二进制文件

B）文件由结构序列组成，可以构成二进制文件或文本文件

C）文件由数据序列组成，可以构成二进制文件或文本文件

D）文件由字符序列组成，其类型只能是文本文件

二、填空题（每空2分，共30分）

1．某二叉树有5个度为2的节点以及3个度为1的节点，则该二叉树中共有__【1】__个节点。

2．程序流程图中的菱形框表示的是__【2】__。

3．软件开发过程主要分为需求分析、设计、编码与测试四个阶段，其中__【3】__阶段产生软件需求规格说明书。

4．在数据库技术中，实体集之间的联系可以是一对一或一对多或多对多的，那么“学生”和“可选课程”的联系为__【4】__。

5．人员基本信息一般包括：身份证号，姓名，性别，年龄等。其中可以作为主关键字的是__【5】__。

6．若有定义语句：int a=5;，则表达式：a++的值是__【6】__。

7．若有语句 double x=17;int y;，当执行 y=(int)(x/5)%2;之后 y 的值为【7】。

8．以下程序运行后的输出结果是【8】。

```
#include <stdio.h>
main()
{ int x=20;
  printf(" %d",0<x<20);
  printf(" %d\n",0<x&&x<20); }
```

9．以下程序运行后的输出结果是【9】。

```
#include <stdio.h>
main（）
{ int a=1,b=7;
  do {
      b=b/2;a+=b;
     } while (b>1);
  printf(" %d\n",a);}
```

10．有以下程序

```
#include <stdio.h>
main()
{ int f,f1,f2,i;
  f1=0;f2=1;
  printf(" %d %d",f1,f2);
  for(i=3;i<=5;i++)
  { f=f1+f2; printf(" %d",f);
    f1=f2; f2=f;
  }
  printf(" \n");
}
```

程序运行后的输出结果是【10】。

11．有以下程序

```
#include <stdio.h>
int a=5;
void fun(int b)
{ int a=10;
  a+=b;printf(" %d",a);
}
main()
{ int c=20;
  fun(c);a+=c;printf(" %d\n",a);
}
```

程序运行后的输出结果是__【11】__。

12．设有定义：

```
struct person
{ int ID;char name[12];}p;
```

请将 scanf(" %d",__【12】__);语句补充完整，使其能够为结构体变量 p 的成员 ID 正确读入数据。

13．有以下程序

```
#include <stdio.h>
main()
{ char a[20]= " How are you? ",b[20];
   scanf(" %s",b);printf(" %s %s\n",a,b);
}
```

程序运行时从键盘输入：How are you?<回车>

则输出结果为__【13】__。

14．有以下程序

```
#include <stdio.h>
typedef struct
{ int num;double s}REC;
void fun1( REC x ){x.num=23;x.s=88.5;}
main()
{ REC a={16,90.0 };
   fun1(a);
   printf(" %d\n",a.num);
}
```

程序运行后的输出结果是__【14】__。

15．有以下程序

```
#include <stdio.h>
fun(int x)
{ if(x/2>0) run(x/2);
   printf(" %d ",x);
}
main()
{ fun(6);printf(" \n"); }
```

程序运行后的输出结果是__【15】__。

2009年9月全国计算机等级考试二级C笔试参考答案

一、选择题

1. C	2. B	3. D	4. A	5. B
6. A	7. C	8. B	9. C	10. D
11. D	12. C	13. A	14. B	15. B
16. D	17. C	18. A	19. A	20. B
21. D	22. C	23. A	24. C	25. D
26. B	27. A	28. C	29. C	30. B
31. D	32. A	33. A	34. C	35. A
36. B	37. A	38. D	39. C	40. C

二、填空题

【1】14

【2】逻辑条件

【3】需求分析

【4】多对多

【5】身份证号

【6】5

【7】1

【8】1 0

【9】5

【10】0 1 123

【11】 3025

【12】&P.ID

【13】How are you? How

【14】16

【15】1 3 6

2010年4月全国计算机等级考试二级C笔试试题

一、选择题(共70分)

1．下列叙述中正确的是（　　）。

A) 对长度为n的有序链表进行查找，最坏情况下需要的比较次数为n

B) 对长度为n的有序链表进行对分查找，最坏情况下需要的比较次数为(n/2)

C) 对长度为n的有序链表进行对分查找，最坏情况下需要的比较次数为(log2n)

D) 对长度为n的有序链表进行对分查找，最坏情况下需要的比较次数为(nlog2n)

2．算法的时间复杂度是指（　　）。

A) 算法的执行时间　　B) 算法所处理的数据量

C) 算法程序中的语句或指令条数　　D) 算法在执行过程中所需要的基本运算次数

3．软件按功能可以分为：应用软件、系统软件和支撑软件(或工具软件)。下面属于系统软件的是（　　）。

A) 编辑软件　　B) 操作系统　　C) 教务管理系统　　D) 浏览器

4．软件(程序)调试的任务是（　　）。

A) 诊断和改正程序中的错误　　B) 尽可能多地发现程序中的错误

C) 发现并改正程序中的所有错误　　D) 确定程序中错误的性质

5．数据流程图(DFD图)是（　　）。

A) 软件概要设计的工具　　B) 软件详细设计的工具

C) 结构化方法的需求分析工具　　D) 面向对象方法的需求分析工具

6．软件生命周期可分为定义阶段，开发阶段和维护阶段。详细设计属于（　　）。

A) 定义阶段　　B) 开发阶段　　C) 维护阶段　　D) 上述三个阶段

7．数据库管理系统中负责数据模式定义的语言是（　　）。

A) 数据定义语言　　B) 数据管理语言　　C) 数据操纵语言　　D) 数据控制语言

8．在学生管理的关系数据库中，存取一个学生信息的数据单位是（　　）。

A) 文件　　B) 数据库　　C) 字段　　D) 记录

9．数据库设计中，用E-R图来描述信息结构但不涉及信息在计算机中的表示，它属于数据库设计的（　　）。

A) 需求分析阶段　B) 逻辑设计一阶段　C) 概念设计阶段　　D) 物理设计阶段

10．有两个关系R和T如下：

R

A	B	C
a	1	2
b	2	2
c	3	2
d	3	2

R

A	B	C
c	3	2
d	3	2

则由关系K得到关系T的操作是（　）。

A) 选择　　B) 投影　　C) 交　　D) 并

11．以下叙述正确的是（　）。

A) C语言程序是由过程和函数组成的

B) C语言函数可以嵌套调用，例如：fun(fun(x))

C) C语言函数不可以单独编译

D) C语言中除了main函数，其他函数不可作为单独文件形式存在

12．以下关于C语言的叙述中正确的是（　）。

A) C语言中的注释不可以夹在变量名或关键字的中间

B) C语言中的变量可以在使用之前的任何位置进行定义

C) 在C语言算术表达式的书写中，运算符两侧的运算数类型必须一致

D) C语言的数值常量中夹带空格不影响常量值的正确表示

13．以下C语言用户标识符中，不合法的是（　）。

A) _1　　B) AaBc　　C) a_b　　D) a—b

14．若有定义：double a=22;int i=0,k=18;，则不符合C语言规定的赋值语句是（　）。

A)a=a++,i++;　　B)i=(a+k)<=(i+k);　　C)i=a;　　D)i=!a;

15．有以下程序

```
#include "stdio.h"
main()
{ char a,b,c,d;
scanf(" %c%c",&a,&b);
c=getchar(); d=getchar();
printf(" %c%c%c%c\n",a,b,c,d);
}
```

当执行程序时，按下列方式输入数据(从第1列开始，↙代表回车，注意：回车也是一个字符)

12↙

34↙

则输出结果是（　）。

A)1234　　B)12　　C)12　　D)12

3　　34

16．以 i 关于 C 语言数据类型使用的叙述中错误的是（　　）。

A) 若要准确无误差地表示自然数，应使用整数类型

B) 若要保存带有多位小数的数据，应使用双精度类型

C) 若要处理如“人员信息”等含有不同类型的相关数据，应自定义结构体类型

D) 若只处理“真”和“假”两种逻辑值，应使用逻辑类型

17．若 a 是数值类型，则逻辑表达式(a==1)||(a!=1)的值是（　　）。

A) 1　　B) 0　　C) 2　　D) 不知道 a 的值，不能确定

18．以下选项中与 if(a==1)a=b; else a++;语句功能不同的 switch 语句是（　　）。

A)
```
switch(a)
{case:a=b;break;
default:a++;
}
```

B)
```
switch(a= =1)
{case 0:a=b;break;
case 1:a++;
}
```

C)
```
switch(a)
{default:a++;break;
case 1:a=b;
}
```

D)
```
switch(a= =1)
{case 1:a=b;break;
case 0:a++;
}
```

19．有如下嵌套的 if 语句

```
if (a
if(a
else k=c;
else
if(b
else k=c;
```

以下选项中与上述 if 语句等价的语句是（　　）。

A) k=a　　B) k=(ac)?b:c);　　C) k=(a　　D) k=(a

20．有以下程序

```
#include "stdio.h"
main()
{in i,j,m=1;
for(i=1;i<3;i++)
{for(j=3;j>0;j--)
{if(i*j)>3)break;
m=i*j;
}
}
printf("m=%d\n",m);
}
```

程序运行后的输出结果是（　　）。

A) m=6　　B) m=2　　C) m=4　　D) m=5

21．有以下程序

```
#include <stdio.h>
main()
{int a=1;b=2;
for(;a<8;a++) {b+=a;a+=2;}
printf("%d，%d\n"，a，b);
}
```

程序运行后的输出结果是（　　）。

A) 9，18　　B) 8，11　　C) 7，11　　D) 10，14

22．有以下程序，其中k的初值为八进制数

```
#include  <stdio.h>
main()
{int k=011;
printf("%d\n"，k++);
}
```

程序运行后的输出结果是（　　）。

A) 12　　B) 11　　C) 10　　D) 9

23．下列语句组中，正确的是（　　）。

A) char *s;s="Olympic";　　B) char s[7];s="Olympic";

C) char *s;s={"Olympic"}；　　D) char s[7];s={"Olympic"}；

24．以下关于return语句的叙述中正确的是（　　）。

A) 一个自定义函数中必须有一条return语句

B) 一个自定义函数中可以根据不同情况设置多条return语句

C) 定义成void类型的函数中可以有带返回值的return语句

D) 没有return语句的自定义函数在执行结束时不能返回到调用处

25．下列选项中，能正确定义数组的语句是（　　）。

A) int num[0..2008];　　B) int num[];

C) int N=2008;
　int num[N];

D) #define N 2008
　int num[N];

26．有以下程序

```
#include <stdio.h>
void fun(char *c,int d)
{*c=*c+1;d=d+1;
printf("%c,%c,",*c,d);
main()
{char b='a',a='A';
fun(&b,a);printf("%e,%e\n",b，a);
}
```

程序运行后的输出结果是（　　）。

A) b，B，b，A　　B) b，B，B，A　　C) a，B，B，a　　D) a，B，a，B

27．若有定义 int(*Pt)[3];则下列说法正确的是（　　）。

A) 定义了基类型为 int 的三个指针变量

B) 定义了基类型为 int 的具有三个元素的指针数组 pt

C) 定义了一个名为*pt、具有三个元素的整型数组

D) 定义了一个名为 pt 的指针变量，它可以指向每行有三个整数元素的二维数组

28．设有定义 double a[10],*s=a;，以下能够代表数组元素 a[3]的是（　　）。

A) (*s)[3]　　B) *(s+3)　　C) *s[3]　　D) *s+3

29．有以下程序

```
#include <stdio.h>
main()
{int a[5]={1,2,3,4,5｝,b[5]={0,2,1,3,0｝,i,s=0;
for(i=0;i<5;i++) s=s+a[b[i]]);
printf("%d\n", s);
}
```

程序运行后的输出结果是（　　）。

A) 6　　B) 10　　C) 11　　D) 15

30．有以下程序

```
#include <stdio.h>
main()
{int b [3][3]={0,1,2,0,1,2,0,1,2｝,i,j,t=1;
for(i=0;i<3;i++)
for(j=i  j<=1;j++) t+=b[i][b[j][i]];
printf("%d\n",t);
}
```

程序运行后的输出结果是（　　）。

A) 1　　B) 3　　C) 4　　D) 9

31．若有以下定义和语句

```
char s1[10]="abcd!",*s2="\n123\\";
printf("%d %d\n", strlen(s1),strlen(s2));
```

则输出结果是（　　）。

A) 5 5　　B) 10 5　　C) 10 7　　D) 5 8

32．有以下程序

```
#include  <stdio.h>
#define N 8
void fun(int *x,int i)
{*x=*(x+i);}
main()
{int a[N]={1,2,3,4,5,6,7,8｝,i;
```

```
fun(a,2);
for(i=0;i
{printf("%d",a[i]);}
printf("\n");
}
```

程序运行后的输出结果是（　　）。

A) 1313　　B) 2234　　C) 3234　　D) 1234

33．有以下程序

```
#include <stdio.h>
int f(int t[],int n);
main
{ int a[4]={1,2,3,4},s;
s=f(a,4); printf("%d\n",s);
}
int f(int t[],int n)
{ if(n>0) return t[n-1]+f(t,n-1);
else return 0;
}
```

程序运行后的输出结果是（　　）。

A) 4　　B) 10　　C) 14　　D) 6

34．有以下程序

```
#include <stdio.h>
int fun()
{ static int x=1;
x*2; return x;
}
main()
{int i,s=1，
for(i=1;i<=2;i++) s=fun();
printf("%d\n",s);
}
```

程序运行后的输出结果是（　　）。

A) 0　　B) 1　　C) 4　　D) 8

35．有以下程序

```
#include <stdio.h>
#define SUB(a) (a)-(a)
main()
{ int a=2,b=3,c=5,d;
d=SUB(a+b)*c;
```

```
printf("%d\n",d);
}
```

程序运行后的输出结果是（　　）。

A) 0　　B) -12　　C) -20　　D) 10

36．设有定义:

```
struct complex
{ int real,unreal;} data1={1,8},data2;
```

则以下赋值语句中错误的是（　　）。

A) data2=data1;　　B) data2=(2,6);

C) data2.real=data1.real;　　D) data2.real=data1.unreal;

37．有以下程序

```
#include <stdio.h>
#include   <stdlib.h>
struct A
{ int a; char b[10]; double c;};
void f(struct A t);
main()
{ struct A a={1001,"ZhangDa",1098.0};
f(a); printf("%d,%s,%6.1f\n",a.a,a.b,a.c);
}
void f(struct A t)
{ t.a=1002; strcpy(t.b,"ChangRong");t.c=1202.0;}
```

程序运行后的输出结果是（　　）。

A) 1001,zhangDa,1098.0　　B) 1002,changRong,1202.0

C) 1001,ehangRong,1098.0　　D) 1002,ZhangDa,1202.0

38．有以下定义和语句

```
struct workers
{ int num;char name[20];char c;
struct
{int day; int month; int year;}   s;
} ;
struct workers w,*pw;
pw=&w;
```

能给 w 中 year 成员赋 1980 的语句是（　　）。

A) *pw.year=1980;　　B) w.year=1980;

C) pw->year=1980;　　D) w.s.year=1980;

39．有以下程序

```
#include   <stdio.h>
main()
```

```
{ int a=2,b=2,c=2;
  printf("%d\n",a/b&c);
}
```

程序运行后的输出结果是（ ）。

A) 0　　B) 1　　C) 2　　D) 3

40．有以下程序

```
#include <stdio.h>
main()
{ FILE *fp;char str[10];
fp=fopen("myfile.dat","w");
fputs("abc",fp);fclose(fp);
fpfopen("myfile.data","a++");
fprintf(fp,"%d",28);
rewind(fp);
fscanf(fp,"%s",str); puts(str);
fclose(fp);
}
```

程序运行后的输出结果是（ ）。

A) abc　　B) 28c　　C) abc28　　D) 因类型不一致而出错

二、填空题（共30分）

1．一个队列的初始状态为空。现将元素A，B，C，D，E，F，5，4，3，2，1依次入队，然后再依次退队，则元素退队的顺序为 【1】 。

2．设某循环队列的容量为50，如果头指针front=45(指向队头元素的前一位置)，尾指针rear=10(指向队尾元素)，则该循环队列中共有 【2】 个元素。

3．设二叉树如下：

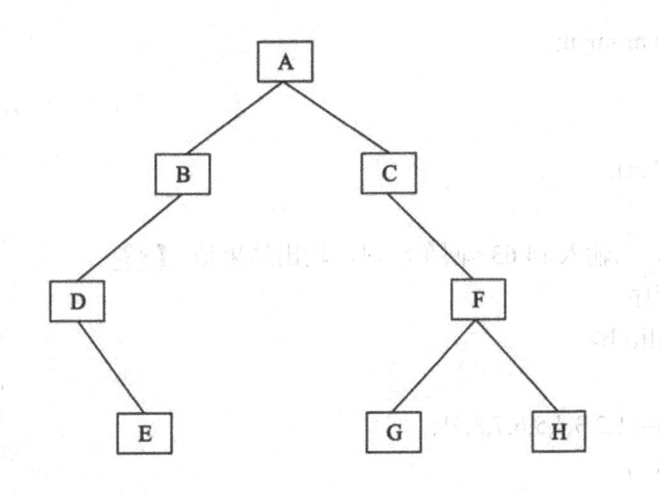

对该二叉树进行后序遍历的结果为 【3】。

4．软件是 【4】 、数据和文档的集合。

5．有一个学生选课的关系，其中学生的关系模式为：学生(学号，姓名，班级，年龄)，课程的关系模式为：课程(课号，课程名，学时)，其中两个关系模式的键分别是学号和课号，则关系模式选课可定义为：选课(学号， 【5】 ，成绩)。

6．设 x 为 int 型变量，请写出一个关系表达式 【6】 ，用以判断 x 同时为 3 和 7 的倍数时，关系表达式的值为真。

7．有以下程序

```
#include <stdio.h>
main()
{ int a=1,b=2,c=3,d=0;
if(a==1)
if(b!=2)
if(c==3) d=1;
else d=2;
else if(c!=3) d=3;
else d=4;
else d=5;
printf("%d\n",d);
}
```

程序运行后的输出结果是 【7】 。

8．有以下程序

```
#include <stdio.h>
main()
{ int m,n;
scanf("%d%d",&m,&n);
while(m!=n)
{ while(m>n) m=m-n;
while(m
}
printf("%d\n",m);
}
```

程序运行后，当输入 14 63 <回车> 时，输出结果是 【8】 。

9．有以下程序

```
#include <stdio.h>
main()
{ int i,j,a[][3]={1,2,3,4,5,6,7,8,9};
for(i=0;i<3;i++)
for(j=i;j<3;j++) printf("%d%,a[i][j]);
printf("\n");
```

```
}
```

程序运行后的输出结果是 【9】 。

10．有以下程序

```
#include <stdio.h>
main()
{ int a[]={1,2,3,4,5,6},*k[3],i=0;
while(i<3)
{ k[i]=&a[2*i];
printf("%d",*k[i]);
i++;
}
}
```

程序运行后的输出结果是 【10】 。

11．有以下程序

```
#include <stdio.h>
main()
{ int a[3][3]={{1,2,3},{4,5,6},{7,8,9}};
int b[3]={0},i;
for(i=0;i<3;i++) b[i]=a[i][2]+a[2][i];
for(i=0;i<3;i++) printf("%d",b[i]);
printf("\n");
}
```

程序运行后的输出结果是 【11】 。

12．有以下程序

```
#include <stdio.h>
#include <stdlib.h>
void fun(char *str)
{ char temp;int n,i;
n=strlen(str);
temp=str[n-1];
for(i=n-1;i>0;i--) str[i]=str[i-1];
str[0]=temp;
}
main()
{ char s[50];
scanf("%s",s); fun(s); printf("%s\n",s);}
```

程序运行后输入：abcdef<回车>，则输出结果是 【12】 。

13．以下程序的功能是：将值为三位正整数的变量 x 中的数值按照个位、十位、百位的顺序拆分并输出。请填空。

```
#include <stdio.h>
main()
{ int x=256;
printf("%d-%d-%d\n", 【13】 ,x/10 ,x/100);
}
```

14．以下程序用以删除字符串所有的空格，请填空。

```
#include
main()
{ char s[100]={"Our teacher teach C language!"};int i,j;
for(i=j=0;s[i]!='\0';i++)
if(s[i]!= ' ') {s[j]=s[i];j++;}
s[j]= 【14】
printf("%s\n",s);
}
```

15．以下程序的功能是：借助指针变量找出数组元素中的最大值及其元素的下标值。请填空。

```
#include <stdio.h>
main()
{ int a[10],*p,*s;
for(p=a;p-a<10;p++) scanf("%d",p);
for(p=a,s=a;p-a<10;p++) if(*p>*s) s= 【15】 ;
printf("index=%d\n",s-a);
}
```

2010年4月全国计算机等级考试二级C笔试参考答案

一、填空题

1. A	2. D	3. B	4. A	5. C
6. B	7. A	8. D	9. A	10. A
11. B	12. B	13. D	14. C	15. C
16. D	17. A	18. B	19. C	20. A
21. D	22. D	23. A	24. B	25. D
26. A	27. D	28. B	29. C	30. C
31. A	32. C	33. B	34. C	35. C
36. B	37. A	38. D	39. A	40. C

二、填空题

【1】A,B,C,D,E,5,4,3,2,1

【2】15

【3】EDBGHFCA

【4】程序

【5】课号

【6】(X%3= =0）&&（x%7= =0）

【7】4

【8】7

【9】123569

【10】135

【11】101418

【12】12 fabcde

【13】x%100%10

【14】14 s[i+1]

【15】s+1

第五部分 附　　录

附录 Visual C++集成开发环境

§1 Visual C++ 6.0 概述

Visual C++是 Microsoft 公司提供的在 Windows 环境下，进行应用程序开发的可视化与面向对象程序设计软件开发工具。它以标准的 C++为基础,并在此基础上增加了许多特性。Visual C++6.0 是 Microsoft 公司于 1998 年推出的最新版本,它在继承了以前版本的灵活、方便、性能优越等优点的同时,给 C++带来了更高水平的生产效率。

§2 Visual C++ 6.0 安装

软件环境和硬件环境要求

安装 Visual C++ 6.0 要求 CPU 为 Pentium 166MHz、内存为 64MB 以上系列，至少需硬盘空间为 1GB，操作系统为 Windows 95/98/2000 或 Windows NT。由于计算机的配置越来越高，一般的机器都能支持 Visual C++6.0 的运行。

§3 Visual C++ 6.0 界面环境介绍

当 Visual Studio 安装程序完成后，从 Windows“开始”菜单中，选择“程序”中的 Microsoft Visual Studio 6.0 菜单中的 Microsoft Visual C++ 6.0 菜单项，就可启动 Visual C++ 6.0 开发环境，显示 Visual C++ 6.0 开发环境窗口，如附图 1 所示。

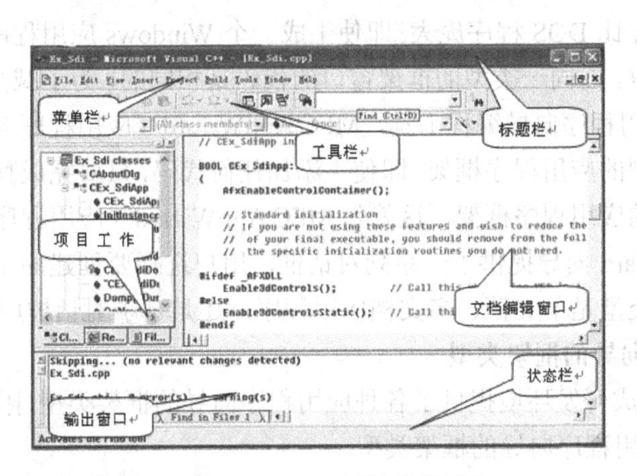

附图 1 Visual C++ 6.0 开发环境窗口

（1）标题栏。显示当前项目的名称和当前编辑文档的名称。

（2）菜单栏。用户通过选取各个菜单项执行常用操作。

（3）工具栏。工具栏中的工具按钮可以完成常用操作命令，它实现的功能与菜单相同，比菜单操作快捷。

（4）项目工作区窗口（Workspace）。列出当前应用程序中所有类、资源和项目源文件。

（5）文档编辑窗口。用户可以编辑源程序代码，同时显示各种程序的源代码文件。

（6）输出窗口（Output）。它显示编译、链接和调试的相关信息。如果进入程序调试(Debug)状态，主窗口中还将出现一些调试窗口。

（7）状态栏。状态栏用于显示文本信息，包括对菜单、工具栏的解释提示以及 Caps Lock、Num Lock 和 Scroll Lock 键的状态等。

§4 MSDN 帮助系统

Microsoft Visual studio 提供了 MSDN Library(Microsoft developer network Library)组件。

MSDN 帮助系统是作为一个应用程序单独运行的，它是一个 HTML 格式的帮助文件，容量超过 1.2GB，包含各种函数及应用程序的源代码等内容。不仅可以浏览 HTML 的帮助文件，还可在帮助系统中进行搜索，能够搜索到有关 MFC、SDK 函数库、运行库、Windows API 函数等有关资料，包括成员函数的参数说明及具体示例。

按“F1”键或单击“Help”菜单下的 Contents 命令或 Search 工具栏按钮可进入 MSDN 帮助系统。帮助文件按文件分类搜索，通过“活动子集”下拉列表框，用户可以缩小搜索范围。当需要查看某个函数（或类）的帮助说明，用光标选中要查看的字符串，然后按“F1”键即可进入 MSDN 的索引页面。

窗口左窗格中有四个页面：Contents、Index、Search 和 Favorites(收藏)，每个页面提供不同的浏览方式，供用户选择。

§5 使用 MFC AppWizard 生成应用程序框架

Windows 程序比 DOS 程序庞大, 即使生成一个 Windows 应用程序框架窗口,也要编写比较复杂的程序代码。而同一类型的框架窗口的代码是相同的，为了减少代码重复编写，Visual C++6.0 提供了应用程序向导编程工具，MFC AppWizard（应用程序向导），它可以引导用户创建各种不同类型的应用程序框架。即使不添加任何代码，只要完成默认的程序初始化功能，就能创建所需要的应用程序框架，这就是 MFC AppWizard（应用程序向导）的功能。

MFC AppWizard 向导提供了一系列对话框，用户选择要创建的工程项目，以定制工程。例如创建的程序类型是单文档、多文档应用程序，还是基于对话框应用程序等。

1. 应用程序向导的框架类型

Visual C++集成开发环境提供了各种应用程序向导的框架类型，附表 1 列出了 Visual C++ 6.0 可以创建的应用程序向导的框架类型。

附表 1　　MFC AppWizard 创建的应用程序向导的框架类型

ATL COM MFC AppWizard	创建 ATL 应用程序
ClusterResource Type Wizard	创建服务器的项目
Custom AppWizard	创建定制的应用程序向导
Database Project	创建数据库项目
DevStudio Add-in Wizard	创建 ActiveX 组件或自动化宏
Extended Stored Proc Wizard	创建在 SQL 服务器下外部存储程序
ISAPI Extension Wizard	创建网页浏览程序
MakeFile	创建自己项目的开发环境的应用程序
MFC ActiveX ControlWizard	创建 ActiveX Control 应用程序
MFC AppWizard(dll)	创建 MFC 动态链接库
MFC AppWizard(exe)	创建 MFC 的应用程序，这是常用的向导
Utility Project	创建简单、实用的应用程序
Win32 Application	创建 Win32 应用程序，可不使用 MFC，采用 SDK 方法编程
Win32 Console Application	创建 DOS 下的 Win32 控制台应用程序，采用 C++/C 编程
Win32 Dynamic-Link Library	创建 Win32 动态链接库
Win32 Static Library	创建 Win32 静态链接库

2. 创建一个控制台应用程序

所谓控制台应用程序是那些需要与传统 DOS 操作系统保持某种程序的兼容，同时又不需要为用户提供完善界面的程序，也就是在 Windows 环境下运行的 DOS 程序，如编辑 C++源代码程序。

在 Visual C++ 6.0 中，用 MFC AppWizard 创建一个控制台应用程序的步骤如下：

（1）启动 Visual C++ 6.0

单击“开始”菜单中的“程序”选中“Microsoft Visual Studio 6.0”中的“Microsoft Visual C++ 6.0”菜单项。

（2）创建一个控制台应用程序

① 选择“File”菜单中“New”命令，弹出“New”对话框，在此对话框中选择“Project”标签，显示应用程序项目的类型，在“Project”列表框中，选择 Win32 Console Application，在“Project Name”文本框中输入新建的工程项目名称 ConApp。在 Location（位置）文本框中直接键入文件夹名称 ConApp 和相应的保存文件路径，也可以单击右侧浏览按钮（...），可对默认路径进行修改，如附图 2 所示，单击“OK”。

② 在弹出的 Win32 Console Application-Step 1 of 1 对话框中选择“A Hello,World! application”选项。然后单击“Finish”按钮，如附图 3 所示。

③ 在 New Project Information 对话框中单击“OK”按钮，系统自动创建此应用程序。

④ 单击“Build”菜单，选择“Build ConApp.exe”菜单项或按“F7”编译、链接生成.exe 文件，在输出窗口中显示的内容为：

ConApp.exe-0 error(s), 0 warning(s)

表示没有错误。单击“Build”菜单，选择“Execute　ConApp.exe”菜单项或按“Ctrl+F5”运行程序。运行结果如附图4所示，结果是仿真DOS平台，显示内容为“Hello World!”。

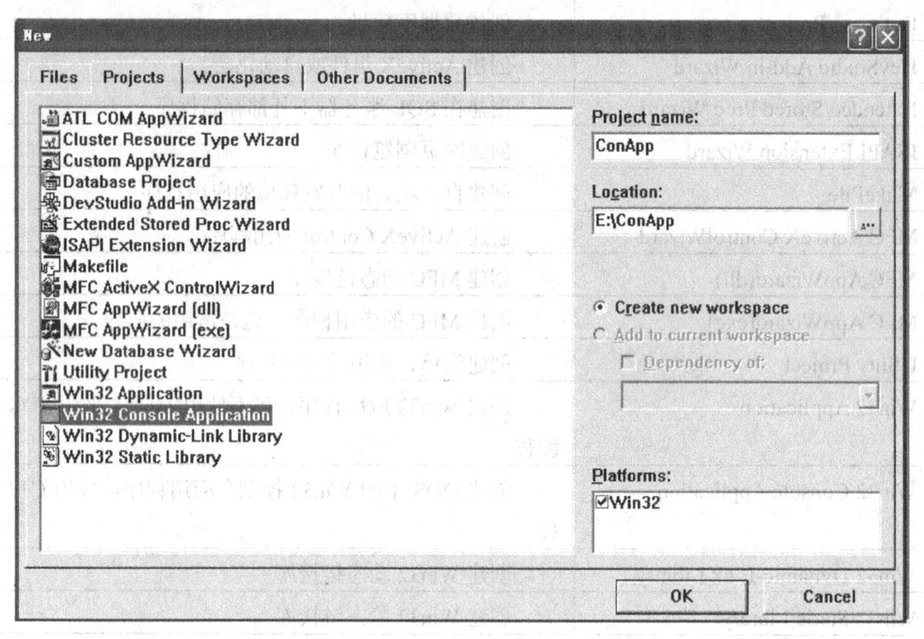

附图2　New对话框

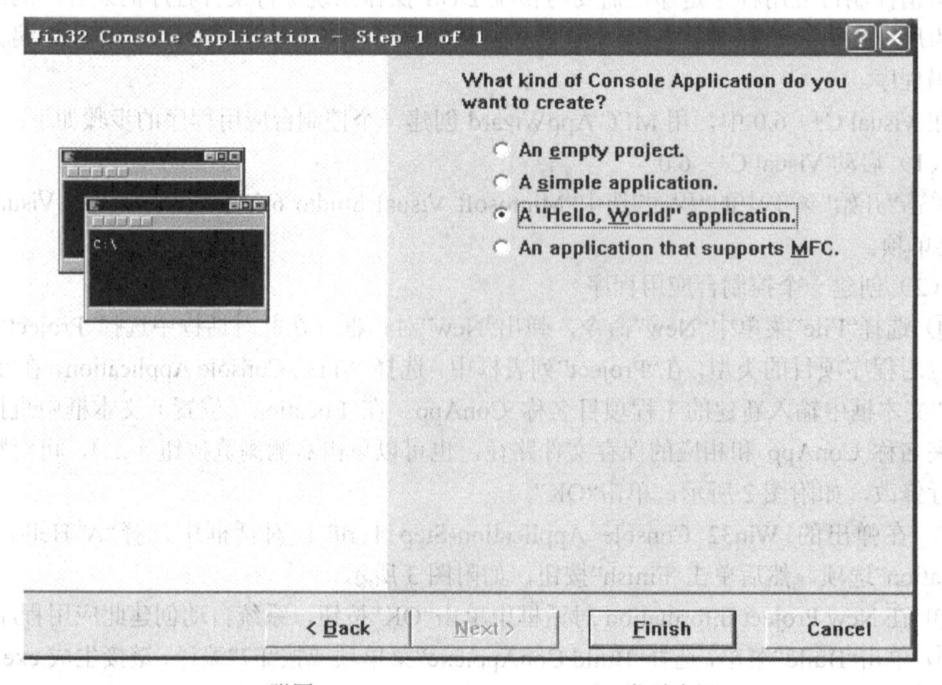

附图3　Win32 Console Application 类型选择

附图 4 Hello World!

⑤ 如果要添加代码。单击项目工作区窗口中的"ClassView"页面，将"+"号展开，双击"main"函数，修改 main 函数体中的内容，将"Hello World!"改为"Visual C++ 6.0!"，结果如附图 5 所示。

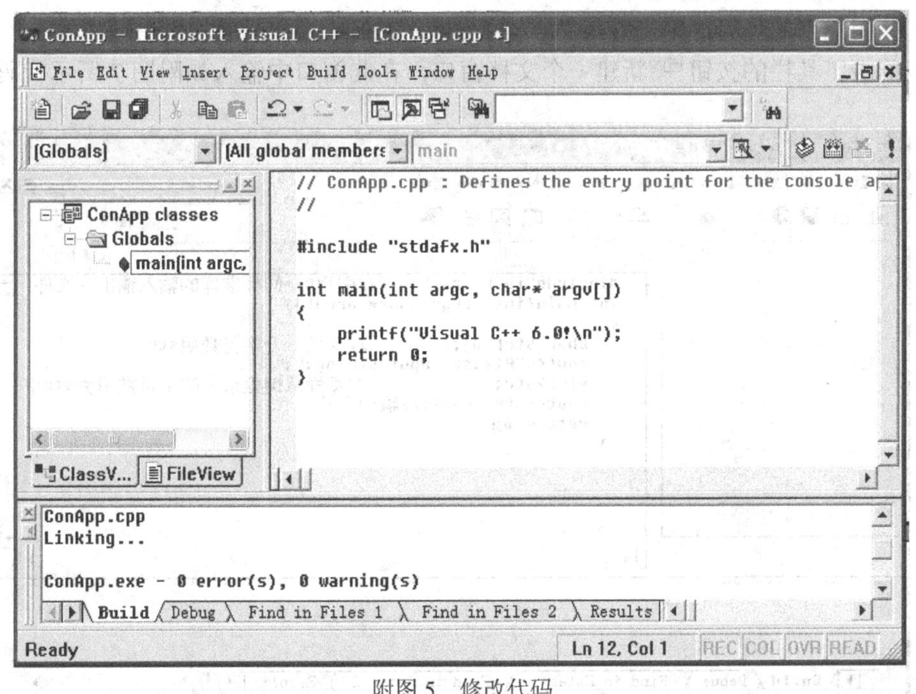

附图 5 修改代码

⑥ 单击工具栏的按钮 或按"F7"编译、链接生成.exe 文件，然后单击工具栏的按钮 或按"Ctrl+F5"键运行程序，结果如附图 6 所示。

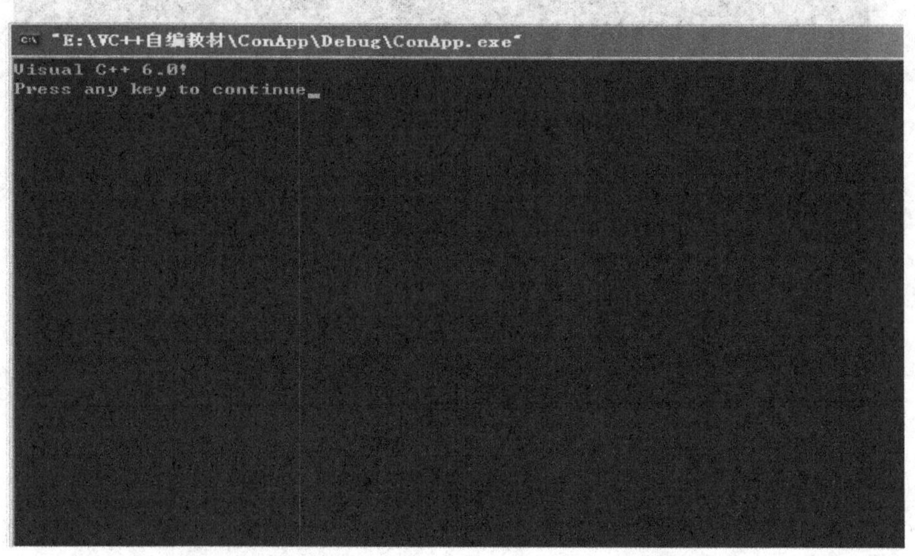

附图 6　修改运行结果

（3） 添加一个 C++源程序代码

① 关闭原来的项目，单击"File"菜单的"Close Workspace"选项。

② 单击工具栏的按钮 新建一个文档窗口，在此窗口中输入如附图 7 所示代码。

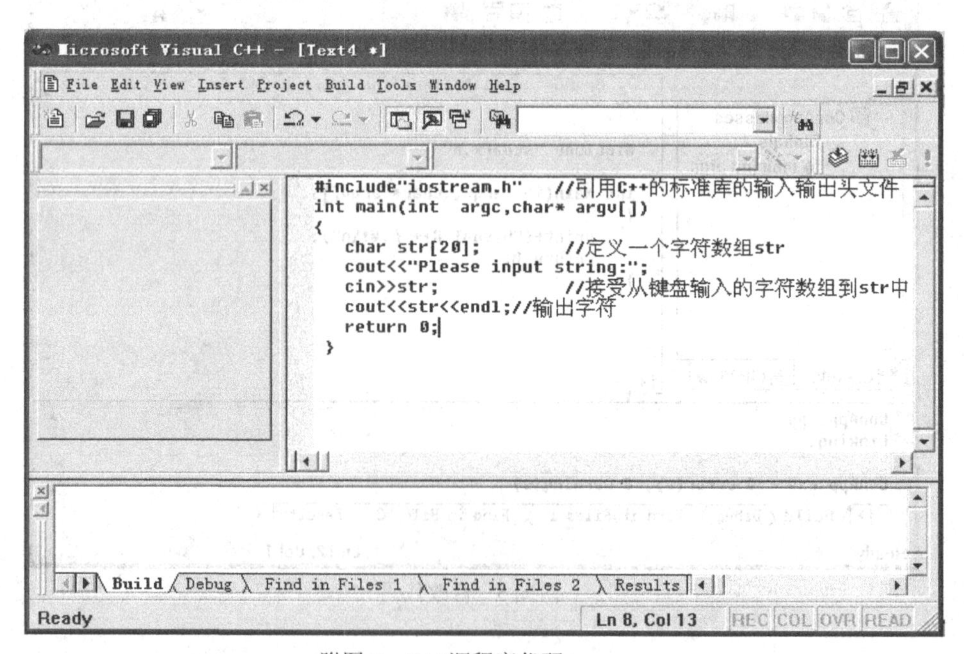

附图 7　C++源程序代码

③ 选择“File”菜单中“Save”选项或按“Ctrl+S”，弹出另存为对话框，在此对话框中选择保存文件的位置，输入文件名称“first.cpp，.cpp”为C++源程序文件的扩展名不能省略。保存后，Visual C++ 6.0文本编辑器具有语法颜色功能，窗口中代码颜色发生改变。

④ 单击“Build”菜单中“Compile first.cpp”选项或按 按钮，出现如附图8所示的对话框询问是否使用默认的项目空间，单击“是”按钮。系统进行编译、链接生成可执行文件，出现如附图9所示结果。程序没有错误，按“Ctrl+F5”运行程序，如附图10所示，从键盘输入字符“Visual C++ 6.0”，结果会显示出来。

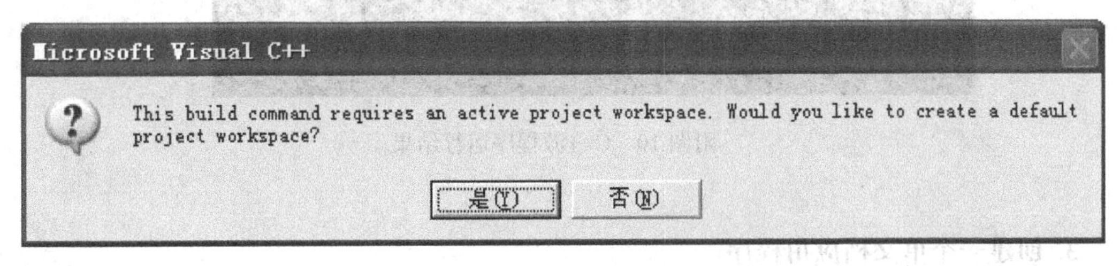

附图8 设置项目空间

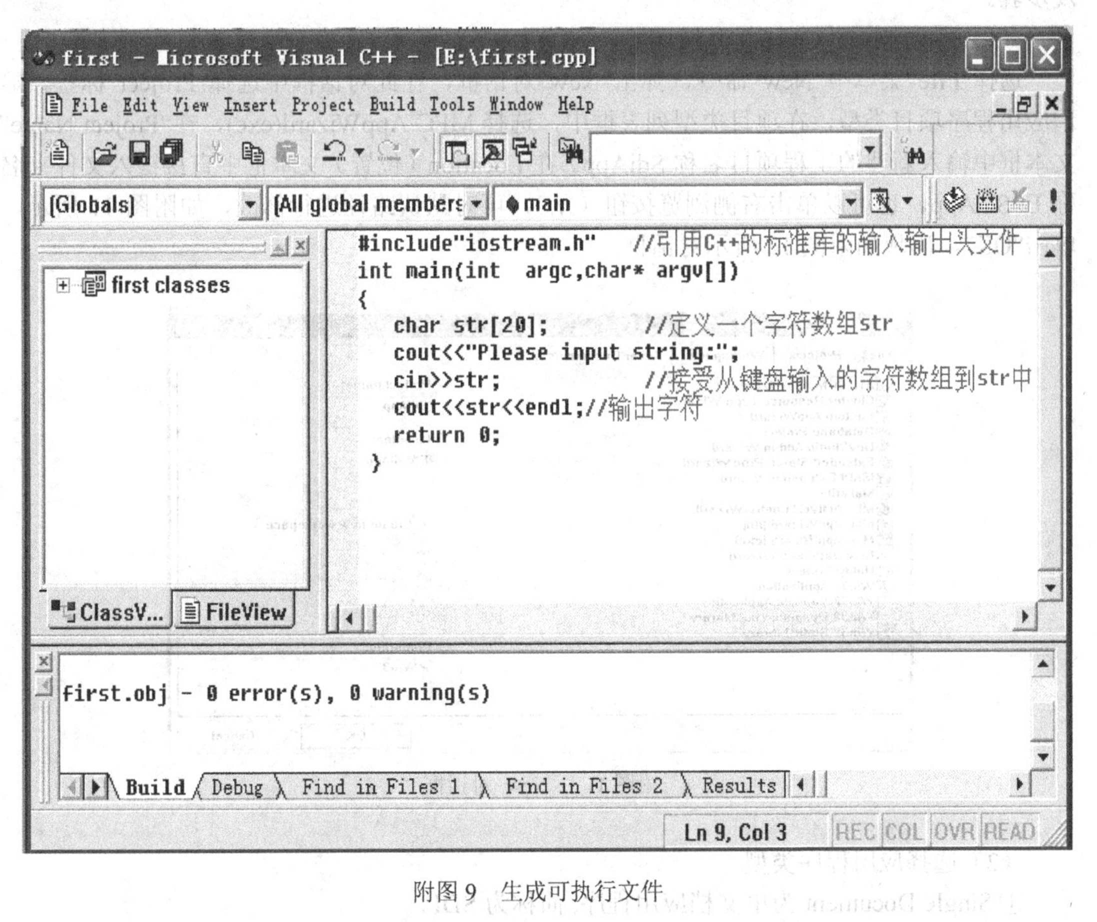

附图9 生成可执行文件

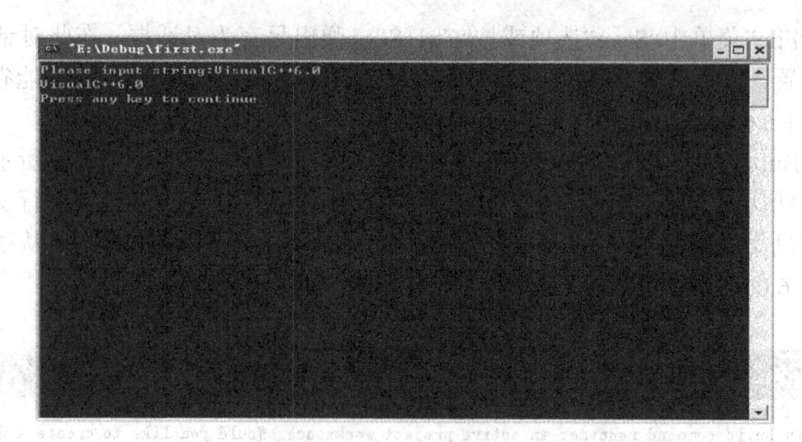

附图 10　C++源程序运行结果

3. 创建一个单文档应用程序

以创建一个单文档应用程序为例说明 MFC AppWizard(MFC 应用程序向导)的使用方法及步骤。

（1）启动 Visual C++6.0 开发环境

选择“File”菜单中“New”命令，弹出“New”对话框，在此对话框中选择“Project”标签，显示应用程序项目类型，在项目类型列表框中，选择 MFC AppWizard(exe)，在“Project Name”文本框中输入新建的工程项目名称 SdiApp。在 Location（位置）文本框中直接键入文件夹名称 E:\SdiApp，也可以单击右侧浏览按钮（...），可对默认路径进行修改，如附图 11 所示，单击“OK”，出现如附图 12 所示对话框。

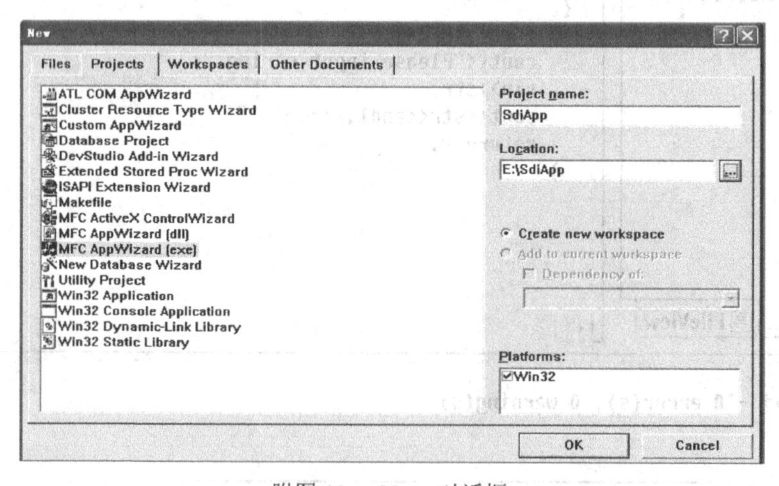

附图 11　New 对话框

（2）选择应用程序类型

① Single Document 为单文档应用程序, 简称为 SDI。

② Multiple Document 为多文档应用程序, 简称 MDI。

③ Dialog Based 为对话框的应用程序。

④ 从附图 12 中选择单文档应用程序。

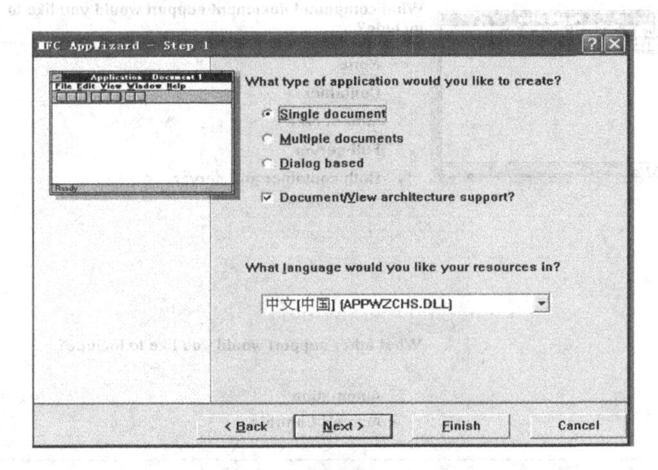

附图 12 应用程序类型选择

⑤ 选择资源所使用的语言，这里是“中文[中国]”，其他保持默认设置，单击“Next”按钮，弹出如附图 13 所示的对话框。

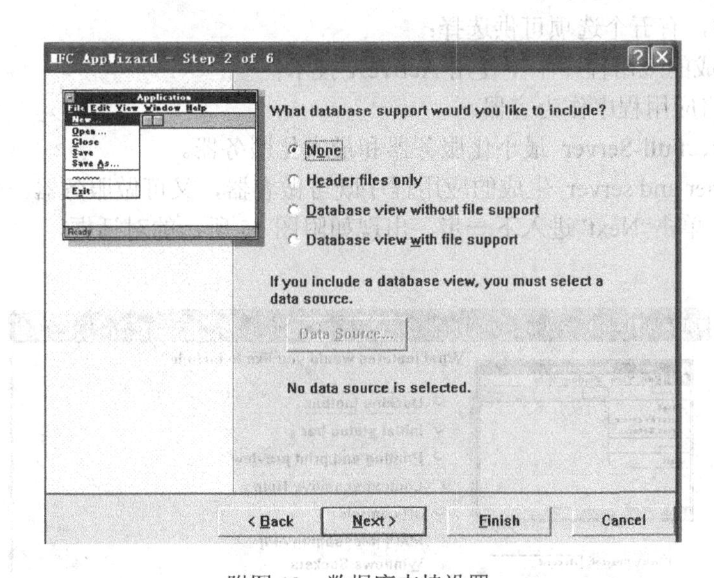

附图 13 数据库支持设置

（3）选择是否加入数据库的支持

在本步骤中，有四个选项可供选择。

None 在程序中不需要数据库支持。

Header files only 在程序中需要提供数据库支持，但不自动创建与数据库相关的类。

Database view without file support 生成不带文件存盘的支持数据库应用程序。

Database view with file support 对数据库文件存盘的支持。

选择 None,不需要数据库支持，单击“Next”进入下一步，出现如附图 14 所示的对话框。

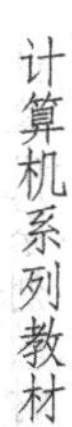

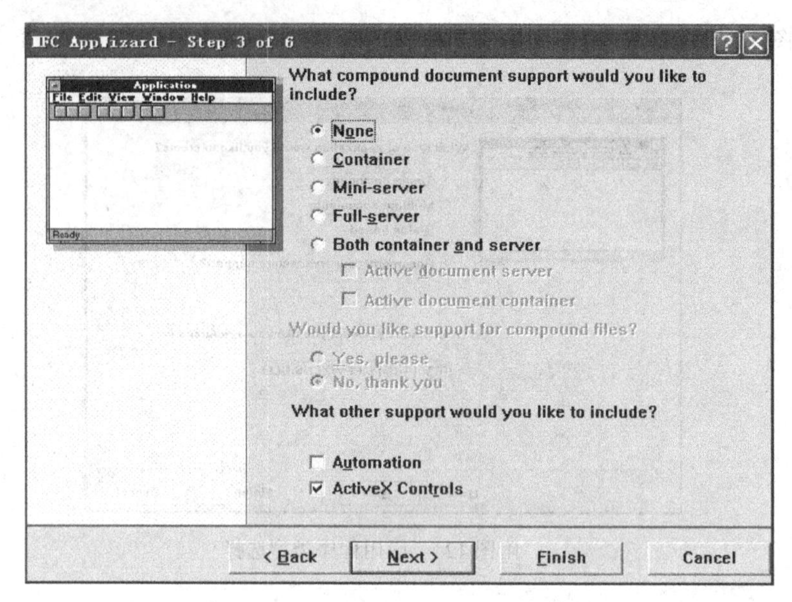

附图 14　复合文档设置

（4）选择复合文档支持

在这一步中，有五个选项可供选择：

None 所生成的应用程序中不使用 ActiveX 技术。

Container 将应用程序作为容器。

Mini-Server、Full-Server 最小化服务器和最大化服务器。

Both container and server 生成的应用程序既可做容器，又可做服务器。

选择 None，单击"Next"进入下一步，出现如附图 15 所示的对话框。

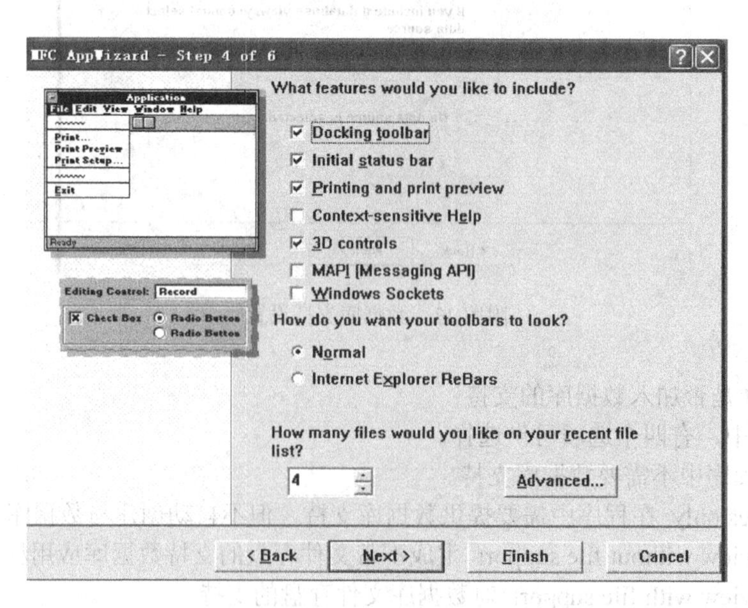

附图 15　程序界面设置

（5）为程序创建一些用户界面元素

在这一步中，有如下选项可供选择：

• Docking toolbar　浮动工具条支持。
• Initial status bar　状态条支持。
• Printing and print preview　打印及打印预览支持。
• Context-sensitive Help　上下文帮助支持。
• 3D controls　支持控件的 3D 显示。
• MAPI（Messaging API）　支持应用程序收发电子邮件及传真。
• Windows Sockets　支持应用程序使用 FTP 或 HTTP 协议访问互联网。

还可设置工具条外观是传统（Nomal）还是 IE 风格(Internet Explorer Rebars)的，还可设置最近处理文件列表中所显示的文件数目。同时，使用这步骤中的“Advanced”按钮，自定义程序所处理的文档类型、文档标识值，定制应用程序的窗口风格，如窗口边框类型、窗口标题、运动方式、分割窗口之类的属性。保留默认设置，单击“Next”进入下一步，出现如附图 16 所示的对话框。

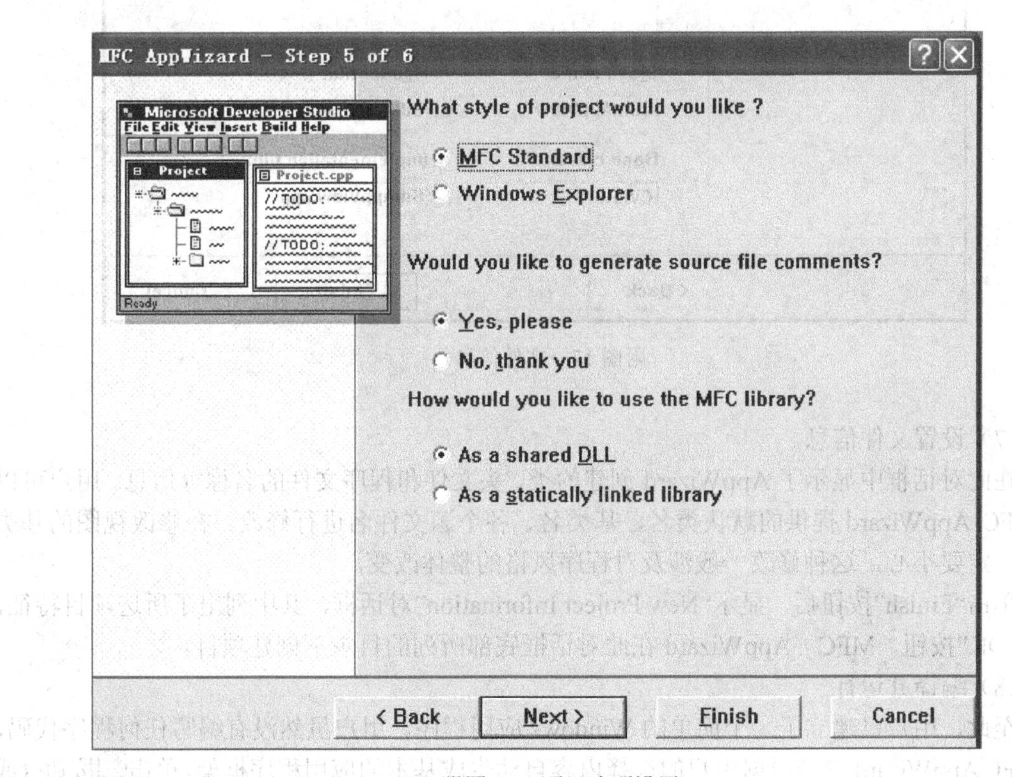

附图 16　项目选项设置

（6）项目选项设置

在这一步中，有如下选项可供选择：

• MFC Standard　MFC 类型或是资源管理器类型。

- Windows Explorer　窗口左边有切分窗口的浏览器风格。
- Yes,please　使生成的代码中添加注释，选择此项。
- No,thank you　不添加注释。
- As a shared DLL　共享动态链接库。
- As a statically linked library　静态链接库。

程序如果使用MFC，可以选择动态链接（As a shared DLL）以减少磁盘和内存空间占用率。保留默认值，单击"Next"进入下一步，出现如附图17所示的对话框。

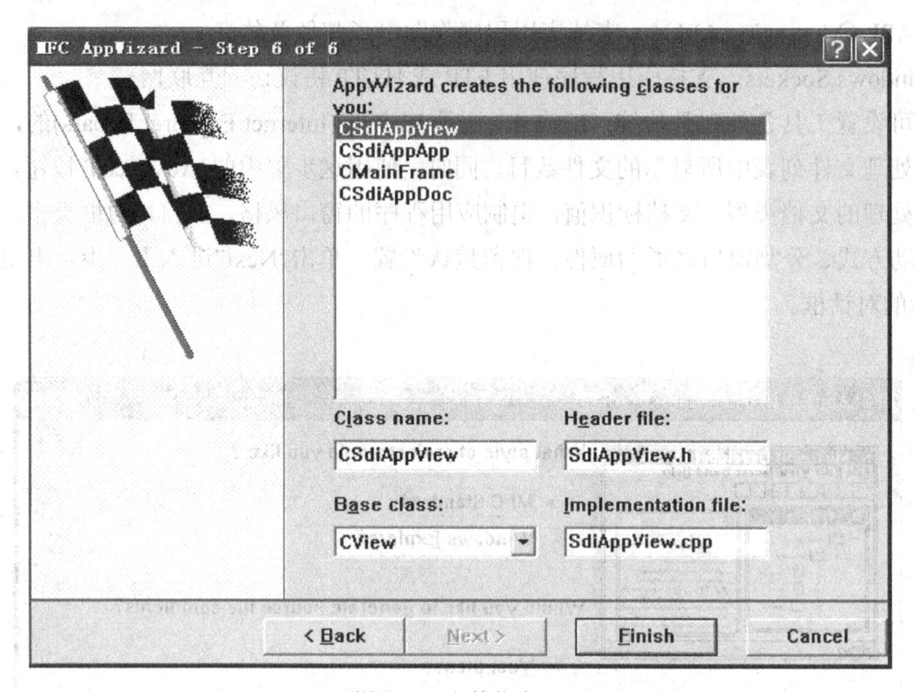

附图17　文件信息

（7）设置文件信息

在此对话框中显示了AppWizard创建的类、头文件和程序文件的名称等信息。用户可以对MFC AppWizard提供的默认类名、基类名、各个源文件名进行修改。在修改视图的基类时，一定要小心，这种修改一般涉及对程序风格的整体改变。

单击"Finish"按钮后，显示"New Project Information"对话框，其中列出了所选项目特征，单击"OK"按钮，MFC　AppWizard在此对话框底部所列的目录下创建项目。

（8）编译并运行

至此，用户已建立了一个简单的Windows应用程序，用户虽然没有编写任何程序代码，但MFC AppWizard已经根据用户的选择内容自动生成基本的应用程序框架，单击按钮（或F7)编译程序，再单击运行按钮执行该程序，或使用"Ctrl+F5"可编译/链接/运行该项目，其运行结果如附图18所示。

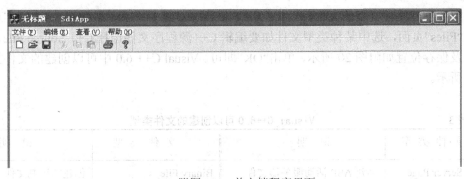

附图 18　单文档程序界面

§6 菜单

菜单栏是开发环境界面中的重要组成部分，菜单栏由若干个菜单项组成，每个菜单又由多个菜单项或子菜单组成。其进行程序设计时，其部分操作是通过菜单命令来完成的。本节只对主要的菜单栏进行简要介绍。

1. File 菜单

File 菜单主要包括对文件和项目进行操作的有关命令，如“新建”、“打开”、“保存”、“关闭”等。File 菜单中各项命令如附图 19 所示，File 菜单中各项命令功能如附表 2 所示。

附表 2　File 菜单的命令功能

菜单命令	功能描述
New…	创建新的项目或文件
Open…	打开已有的文件
Close	关闭当前文件
Open Workspace…	打开项目工作区文件（.dsw 文件）
Save Workspace…	保存项目工作区文件（.dsw 文件）
Close Workspace...	关闭项目工作区文件（.dsw 文件）
Save	保存当前文件
Save As…	将当前文件以新的文件名保存
Save All	保存所有文件
Page Setup…	设置文件的打印格式
Print…	打印当前文件或选定的部分内容
Recent Files	显示最近打开的文件名
Recent Workspaces	显示最近打开的项目工作区名
Exit	退出 Visual C++6.0 开发环境

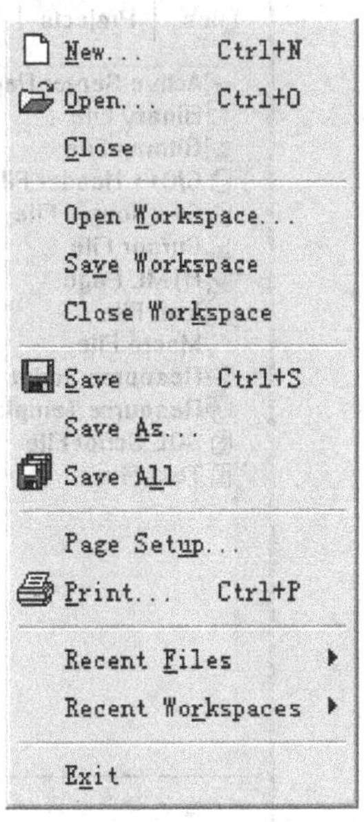

附图 19　File 菜单

File 菜单包括对文件进行操作的相关选项。

（1）New 对话框中 Files 页面

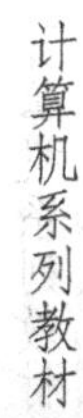

如果要创建某种类型的文件，只要打开"File"菜单，选择"New"菜单项，在"New"对话框中选择"Files"页面，选中某种类型文件如要编辑 C++源程序文件选择 C++ Source File，输入文件名及保存位置如附图 20 所示，单击"OK"即可。Visual C++ 6.0 中可以创建的文件类型如附表 3 所示。

附表 3　　Visual C++6.0 可以创建的文件类型

文件类型	说明	文件类型	说明
Active Server Page	创建 ASP 活动服务器文件	Binary File	创建二进制文件
Bitmap File	创建位图文件	C/C++ Header File	创建 C/C++头文件
C++ Source File	创建 C++源文件	Cursor File	创建光标文件
HTML Page	创建 HTML 超文本链接文件	Icon File	创建图标文件
Macro File	创建宏文件	Resource Script	创建资源脚本文件
Resource Template	创建资源模板文件	SQL Script File	创建 SQL 脚本文件
Text File	创建文本文件		

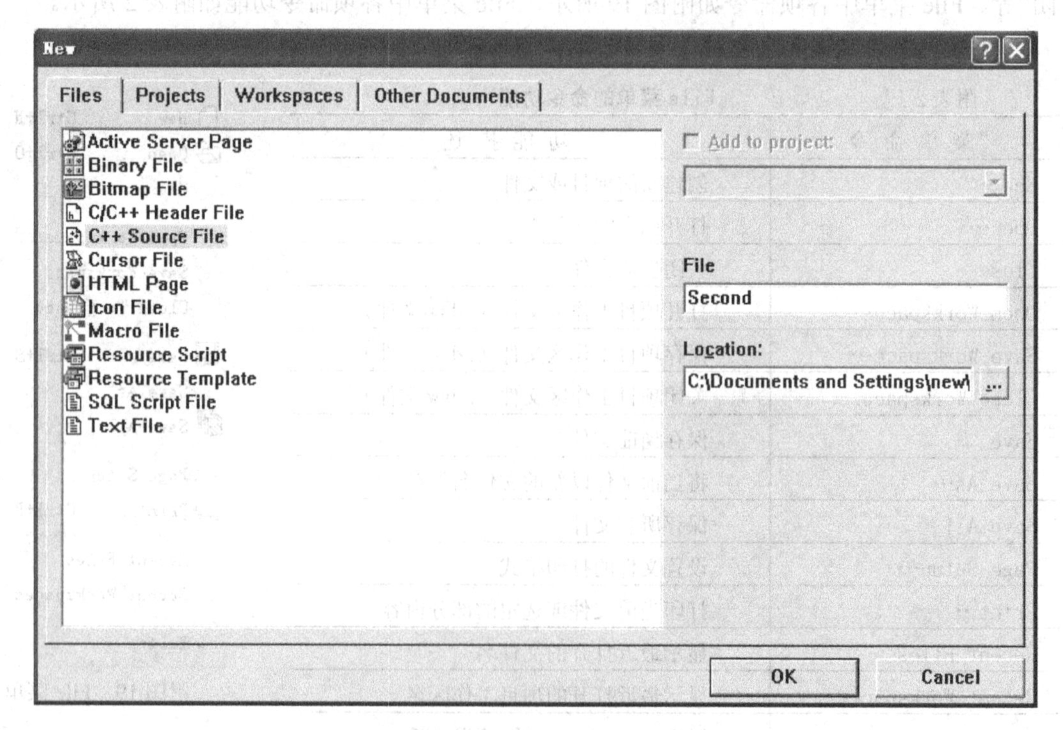

附图 20　New 菜单中的 File 选项

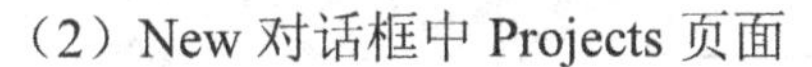

（2）New 对话框中 Projects 页面

New 对话框中的 Projects 页面可以创建各种新的项目文件，其方法与创建新文件相同，在 New 对话框中选择“Projects”页面如附图 21 所示，选择一种项目文件类型，输入项目文件的名称、保存位置，其他都选择默认值，新项目会添加到当前工作区中。若要添加新项目到已打开的项目工作区中，选中“Add to current workspace”单选按钮，如果要使新项目成为已有项目的子项目，选中“Dependency of”复选框并指定项目名。Visual C++ 6.0 可以创建的项目类型如附表 1 所示。

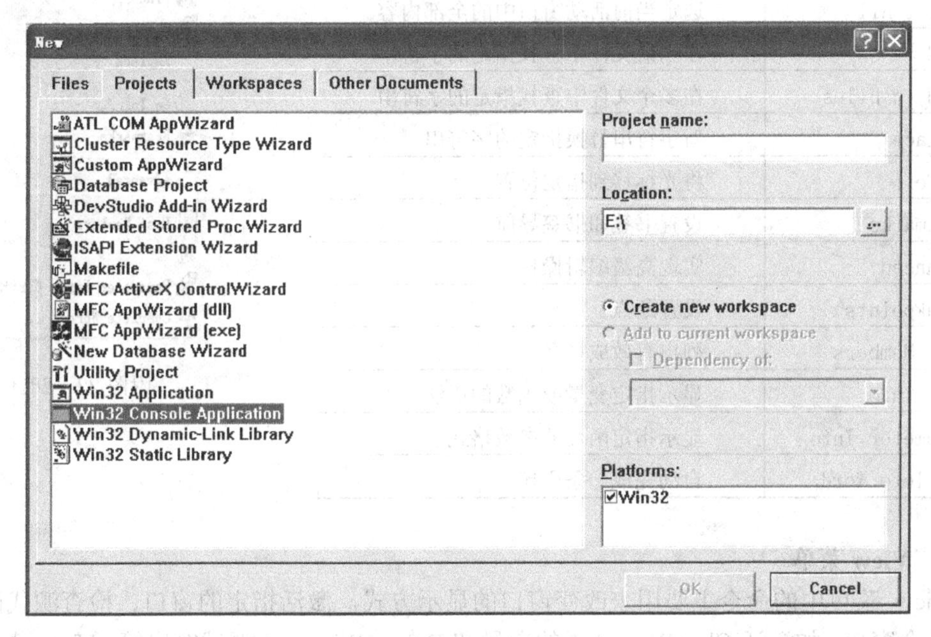

附图 21　Projects 选项

（3）New 对话框中 Workspaces 页面

New 对话框中的 Workspaces 页面可以创建新工作区。

（4）New 对话框中 Other Documents 页面

Other Documents 可以创建新的文档，主要有如下类型：

① Microsoft Excel 工作表和图表。

② Microsoft PowerPoint 演示文稿。

③ Microsoft Word 文档。

如果要将新文档添加到已有项目中，选中“Add to project”复选框，然后选择项目名。

2. Edit 菜单

Edit 菜单主要用于与文件编辑操作有关的命令，如进行文件复制、粘贴、删除、查找/替换、设置断点与调试等。Edit 菜单中的各项命令如附图 22 所示，其功能如附表 4 所示。

附表 4　　Edit 菜单功能

菜 单 命 令	功　能
Undo	撤销最近一次操作
Redo	恢复被撤销的操作
Cut	将选定内容剪切并移至剪贴板
Copy	将选定内容复制到剪贴板
Paste	将剪贴板内容粘贴到当前光标处
Delete	删除当前选定的内容
Select All	选定当前活动窗口中的全部内容
Find	在当前文件中查找指定的字符串
Find in Files	在多个文件中查找指定的字符串
Replace	新字符串替换指定的字符串
Go To	将光标移到指定位置
Bookmarks	设置书签和书签导航
Advanced	实现高级编辑操作
Breakpoints	设置断点
List Members	列出有效成员名
Type Info	显示指定变量或函数的语法
Parameter Info	显示指定函数的参数格式
Complete Word	自动完成一条语句

附图 22　Edit 菜单

3. View 菜单

View 菜单中的命令主要用来改变窗口的显示方式，激活指定的窗口、检查源代码时所用的各个窗口。如激活 ClassWizard 类的向导和 Debug Windows 调试窗口等。View 菜单功能如附表 5 所示，其各项命令如附图 23 所示。

附表 5　　View 菜单功能

菜 单 命 令	功　能
Class Wizard…	启动 MFC ClassWizard 类向导，编辑应用程序类
Resource Symbols	启动资源标识符 ID 编辑器，显示和编辑资源文件中的各种符号
Resource Includes	启动资源头文件管理器，修改资源包含文件
Full Screen	全屏方式显示窗口
Workspace	显示工作区窗口
Output	显示输出窗口
Debug Windows	显示调试信息
Refresh	刷新当前活动窗口内容
Properties	编辑当前选定对象的属性

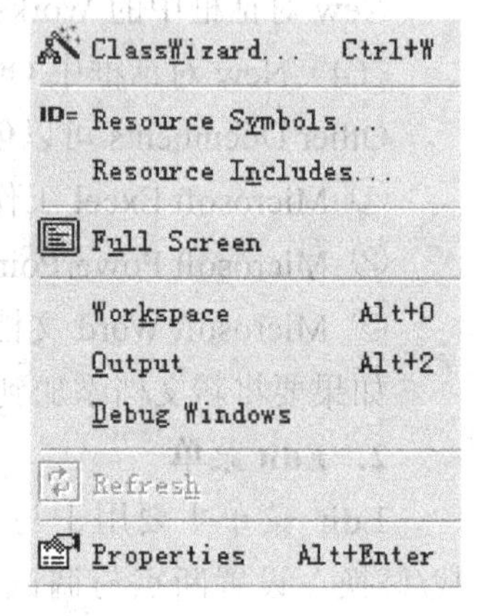

附图 23　View 菜单

4. Insert 菜单

Insert 菜单主要用于项目、文件及各种资源的创建和添加，如向项目中添加新类、创建新的表单、创建新的资源、增加 ATL 对象等。Insert 菜单功能如附表 6 所示，其各项命令如附图 24 所示。

附表 6　　　　Insert 菜单功能

菜 单 命 令	功　能
New Class…	弹出新建类对话框，添加一个新类
New Form…	弹出新表单对话框，添加一个新表单类
Resource…	插入新资源
Resource Copy…	复制已有资源
File As Text	把一个文件插入当前光标处
New ATL Object…	插入一个新的 ATL 对象

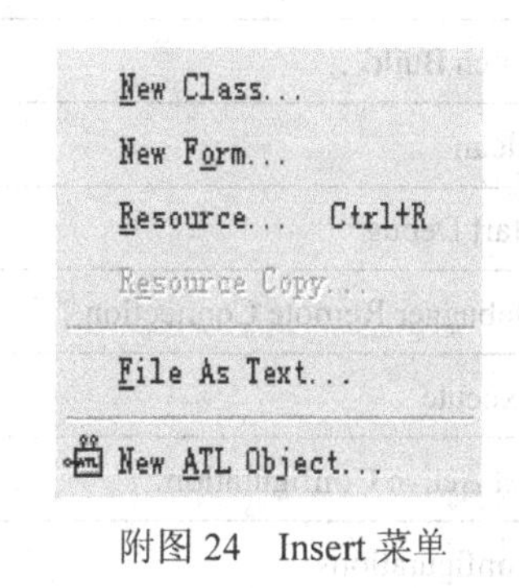

附图 24　Insert 菜单

5. Project 菜单

Project 菜单主要用于与项目管理有关的操作命令，如对项目进行文件的添加、插入和编辑工作等。Project 菜单功能如附表 7 所示，其各项命令如附图 25 所示。

附表 7　　　　Project 菜单功能

菜 单 命 令	功　能
Set Active Project	激活指定项目
Add To Project	将外部文件或组件添加到当前项目
Source Control	查看当前项目的层次关系
Settings…	设置项目的资源、链接、调试方式等
Insert Project into Workspace	插入一个项目到项目工作区中

附图 25　Project 菜单

6. Build 菜单

Build 菜单主要用于编译、链接和调试应用程序。如 Compile 菜单编译当前文件，Build 菜单对当前文件进行编译和链接，Rebuild All 菜单是对所有文件进行编译和链接，Start Debug 菜单用于启动调试器运行等。Debug 菜单只有在调试程序时才可见，如执行中断的程序、强行中断正在执行的被调试程序，启动调试器和被调试程序等。Build 菜单功能如附表 8 所示。其各项命令如附图 26 所示。

附表 8　　Build 菜单功能

菜 单 命 令	功　能
Compile	编译当前源代码文件
Build	编译、链接当前项目文件
Rebuild All	重新编译所有的源文件
Batch Build…	一次生成多个项目
Clean	删除项目中间文件和输出文件
Start Debug	启动调试器的操作
Debugger Remote Connection…	设置远程调试链接
Execute	执行应用程序
Set Active Configuration…	设置当前活动项目的配置
Configurations …	编辑项目配置
Profile…	启动剖析器，高效运行程序

Compile MenuSDIView.cpp　Ctrl+F7
Build MenuSDI.exe　F7
Rebuild All
Batch Build...
Clean
Start Debug
Debugger Remote Connection...
Execute MenuSDI.exe　Ctrl+F5
Set Active Configuration...
Configurations...
Profile...

附图 26　Build 菜单

7. Tools 菜单

Tools 菜单主要用于选择或定制集成开发环境中的一些实用工具,如定制工具栏与菜单、激活常用工具的显示、关闭和修改命令的快捷键。Tools 菜单功能如附表 9 所示,其各项命令如附图 27 所示。

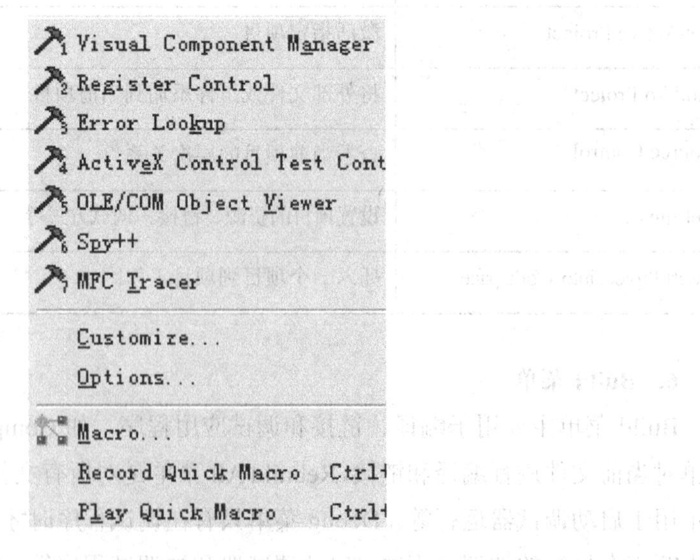

附图 27　Tools 菜单

附表 9 Tools 菜单功能

菜单命令	功能
Visual Component Manager	浏览、查询有关源代码信息
Register Control	启动寄存器控制器
Error Lookup	启动错误查找器
ActiveX Control Test Container	打开 ActiveX 控件测试容器
OLE/COM Object Viewer	打开 OLE/COM 对象查看器
Spy++	查看所有活动窗口和控件的关系图及所有消息
MFC Tracer	启动跟踪器
Customize	定制开发环境界面中的菜单及工具栏
Options	开发环境设置
Macro…	宏操作
Record Quick Macro	录制新宏
Play Quick Macro	运行新录制的宏

8. Window 菜单

Window 菜单主要用于排列开发环境的各个窗口,如打开或者关闭窗口、切分窗口等。Window 菜单功能如附表 10 所示,其各项命令如附图 28 所示。

附表 10 Window 菜单命令功能

菜单命令	功能
New Window	为当前文档显示打开另一个窗口
Split	拆分窗口
Docking View	打开或关闭窗口的停泊特征
Close	关闭当前窗口
Close All	关闭所有打开的窗口
Next	激活下一个窗口
Previous	激活上一个窗口
Cascade	层叠当前所有打开的窗口
Tile Horizontally	当前所有打开窗口依次纵向排列
Tile Vertically	当前所有打开窗口依次横向排列
Windows…	管理所有打开的窗口

9. Help 菜单

Help 菜单提供大量的帮助信息。启动 MSDN 可提供详细的帮助信息。Help 菜单功能如附表 11 所示，其各项命令如附图 29 所示。

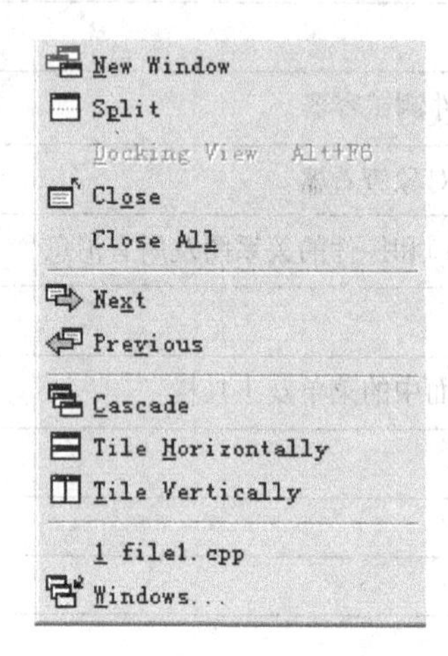

附图 28 Window 菜单

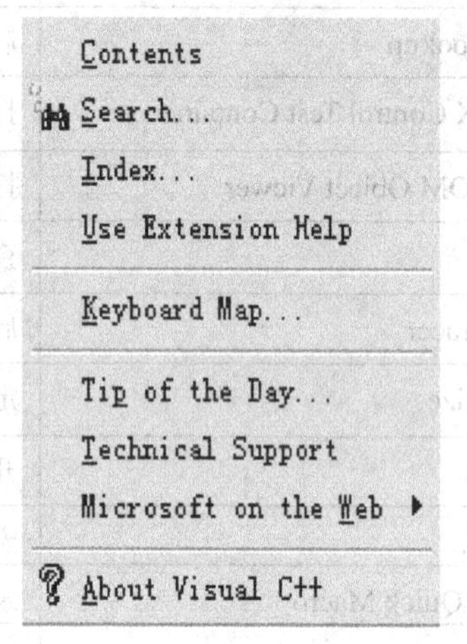

附图 29 Help 菜单

附表 11 Help 菜单命令功能

菜 单 命 令	功 能
Contents	按文件分类显示帮助信息
Search	按搜索方式显示帮助信息
Index	按索引方式显示帮助信息
Use Extension Help	若选中,按“F1”或其他帮助命令显示外部帮助信息,若未选中,则启用 MSDN
Keyboard Map…	显示键盘命令
Tip of the Day	显示“每天一帖”对话框
Technical Support	用微软技术支持方式获得帮助
Microsoft on the Web	微软网站
About Visual C++	显示版本注册信息

§7 工具栏

1. Standard 标准工具栏

标准工具栏（如附图 30 所示）中的工具栏按钮主要包括有关文件、编辑操作的常用命令，如新建、保存、恢复、查找等。附表 12 列出了各个命令按钮及功能。

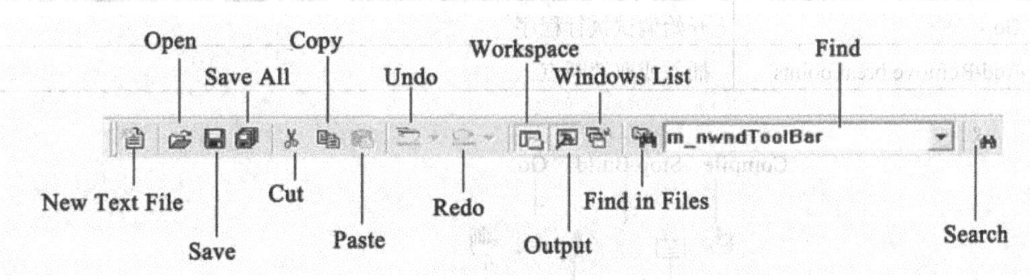

附图 30 Standard 工具栏

附表 12 标准工具栏命令按钮功能

菜 单 命 令	功 能
New Text File	创建新的文本文件
Open	打开已存在的文件
Save	保存文件
Save All	保存所有打开的文件
Cut	将选定内容剪贴掉,并移至剪贴板中
Copy	将选定内容复制到剪贴板
Paste	将剪贴板中的内容粘贴到当前位置
Undo	撤销上一次编辑操作
Redo	恢复被撤销的编辑操作
Workspace	显示或隐藏项目工作区窗口
Output	显示或隐藏输出窗口
Windows List	显示当前已打开的窗口
Find in Files	在多个文件中查找指定的字符串
Find	在当前文件中查找指定的字符串
Search	打开 MSDN 帮助的索引窗口

2. Build MiniBar 工具栏

Build MiniBar 工具栏提供了常用的编译、链接、运行和调试操作命令，如附图 31 所示，附表 13 列出了各命令按钮的功能。

附表 13　　Build MiniBar 工具栏命令按钮的功能

命令按钮	功能
Compile	编译当前源代码文件
Build	编译并生成可执行的.EXE 文件
Stop Build	终止编译
Execute	执行应用程序
Go	开始调试执行程序
Add/Remove breakpoints	插入或取消断点

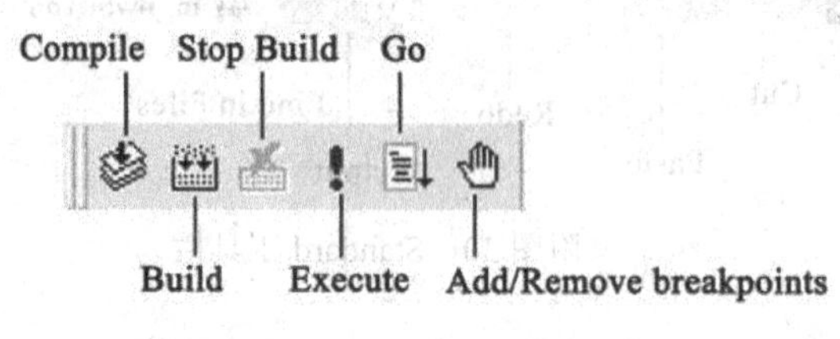

附图 31　Build MiniBar 工具栏

3. WizardBar

类向导工具栏在 Windows 程序的编写和调试过程中可以方便地选择类的有关信息，如附图 32 所示。附表 14 列出了各个命令按钮及功能。

附图 32　WizardBar 工具栏

附表 14　　WizardBar 工具栏命令按钮功能

命令按钮	功能
WizardBar C++ Class	类的列表框，选择激活类
WizardBar C++ Filter	选择相应类的资源标识
WizardBar C++ Members	类的成员函数列表
WizardBar C++ Actions	执行 Members 选择的命令项

Actions 控件含有一个按钮和一个下拉菜单。单击“Actions”控件按钮可以将光标移到指定类成员函数相应的源文件的声明和定义的位置处。单击“Actions”按键旁的向下箭头时，会弹出一个快捷菜单，该菜单中粗体显示的是“Actions”按钮的默认操作项。该菜单中的命令选项取决于当前状态。

§8 项目工作区窗口

1. Class View 窗口

Class View 显示项目中所有的类信息，单击"Class View"标签，如附图 33 所示。单击类名左边"+"或双击图标，项目中的所有类名将被显示，双击类名前图标，则直接打开并显示类定义的头文件处；单击类名前的"+"，则会显示该类的成员变量和成员函数；双击成员函数前图标，可直接打开并显示相应函数体的源代码。若鼠标右击类名成员，从弹出式菜单中可添加、删除成员变量或成员函数。

注意，一些图标所表示含义：使用紫色方块表示公有成员函数；蓝绿色图标表示成员变量；图标旁有一个钥匙表示保护类型成员函数；图标旁有一个挂锁图标表示私有类型成员函数。

2. Resource View 窗口

Resource View 包含了 Windows 中各种资源的层次列表，有对话框、按钮、菜单、工具栏、图标、位图、加速键等，另外还有资源的 ID。单击"Resource View"标签，如附图 34 所示。

3. File View 窗口

File View 可将项目中源代码文件分类显示，如实现文件（Source Files），头文件（Header Files），资源文件（Resource Files）等。单击 Resource View 标签，如附图 35 所示。项目中的文件如下：

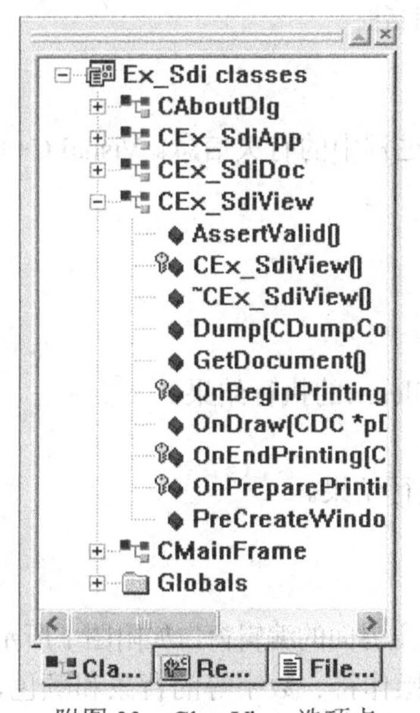

附图 33 ClassView 选项卡

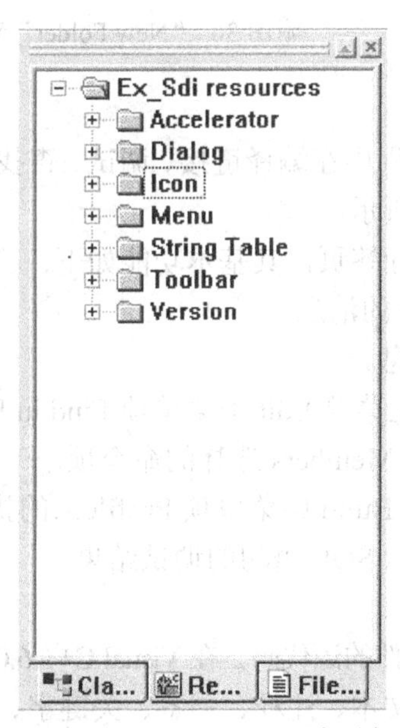

附图 34 ResourceView 选项卡

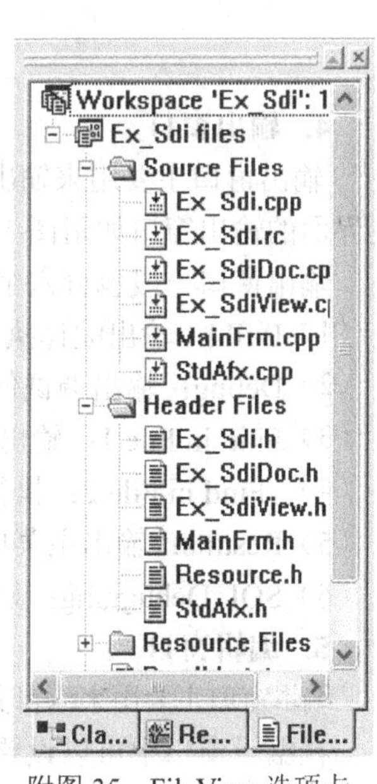

附图 35 FileView 选项卡

（1）头文件（*.h）包含类的定义、函数的说明、其他头文件、符号常量以及宏的定义等。

（2）源文件（*.cpp）程序代码的具体实现。

（3）工作区文件（*.dsw）包含当前工作区所包含的项目的信息。

（4）项目文件（*.dsp）包含当前项目的设置、所包含的文件等信息。

（5）资源文件（*.rc）包含各种资源的定义。

注意：上面 5 种文件是不能删除的，否则程序不能正常工作。

（6）ClassWizard（*.clw）信息文件。

（7）（*.aps）二进制文件，支持 ResourceView，删除后会自动生成。

（8）浏览信息文件（*.ncb）二进制文件，保存一些浏览信息，用来支持 ClassView。

（9）工作空间配置文件（*.opt）二进制文件，保存工作空间的配置，删除后会自动生成。

（10）程序创建日志（*.plg）记载项目创建的日志，以及编译链接信息。

（11）源程序信息浏览文件（*.bsc）记载整个项目所有源程序的浏览信息。

一般使用项目的默认设置生成有关文件，用户可添加新的目录项，其方法是：在添加目录项的位置处单击鼠标右键弹出快捷菜单，并选择“New Folder”,出现如附图 36 所示的对话框,输入目录项名称和相应的文件扩展名，单击“OK”即可。

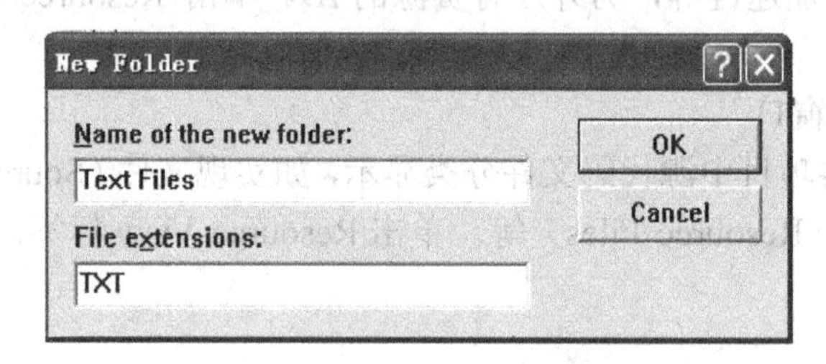

附图 36 “New Folder”对话框

4. 输出窗口

输出窗口主要用来输出程序在编译链接、调试、查找过程中的有关信息。Visual C++ 6.0 主界面的输出窗口如附图 1 所示。

输出窗口一般包含六个标签页，其基本功能如下：

（1）Build：输出编译执行的消息。

（2）Debug：输出调试信息。

（3）Find in File 1：输出主菜单 Edit 中菜单项 Find in Files…的执行结果。

（4） Find in File 2：执行 Members 选择的命令项。

（5）Results：输出主菜单 Build 中菜单项 Profile…的执行结果。

（6）SQL Debugging：显示 SQL 语句的调试结果。

5. 编辑窗口

编辑窗口主要用来编辑文件的源代码。在 Visual C++ 6.0 主界面的编辑窗口如附图 1 所示。

在编辑窗口中可以设置文本、注释、书签、关键字、操作符、数字等的背景和颜色，设置的方法是：

选择 Tools 菜单中的 Options…选项弹出 Options 对话框，如附图 37 所示，选择 Format 标签页可对文本、注释、书签、关键字、操作符、数字等的背景和颜色进行定制。

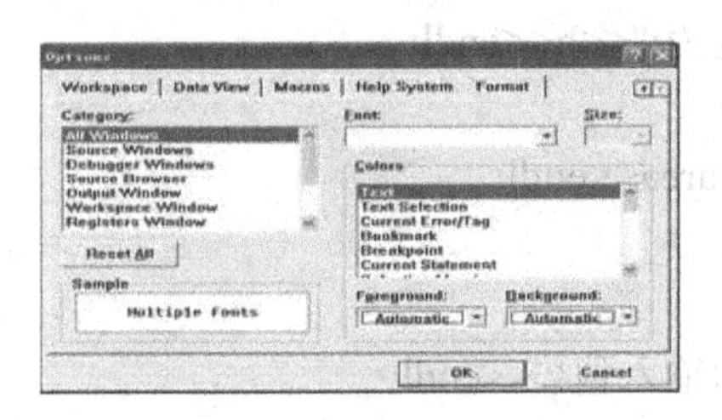

附图 37 Options 对话框

§9 调试器

在软件开发过程中，不可避免地会出现这样或那样的错误，为了验证程序的合理性与正确性，调试程序是编程过程中非常重要的一个环节。下面以一个简单应用程序的调试为例说明其调试过程。

1. 创建一个控制台应用程序

（1）选择"File"菜单中"New"命令，弹出"New"对话框，在此对话框中选择"Project"标签，显示应用程序项目的类型，在"Project"列表框中，选择 Win32 Console Application，在"Project Name"文本框中输入新建的工程项目名称"Area"。在"Location"（位置）文本框中直接键入文件夹名称"Area"和相应的保存文件路径，也可以单击右侧浏览按钮（...），可对默认路径进行修改，单击"OK"。

（2）在弹出的 Win32 Console Application-Step 1 of 1 对话框中选择"An empty project"选项，然后单击"Finish"按钮。

（3）选择"File"菜单中"New"命令，弹出"New"对话框，在此对话框中选择"Files"标签，选中"C++ Source File"，在"File"文本框中输入文件名"Area"，如附图 38 所示，单击"OK"。

（4）在出现的编辑窗口中输入如下代码：

```
#include<iostream.h>
#define   PI   3.1416
void main()
{
int shape;
     double radius=5,a=3,b=4,area;
cout<<"图形的形状?(1 为圆形,2 为长方形):";
cin>>shape;
switch(shape)
{
case 1:
     cout<<"圆的半径为:"<<radius<<"\n";
     area=PI*radius*radiu;
     cout<<"面积为:"<<area<<endl;
     break;
case 2:
     cout<<"长方形的长为:"<<a<<endl;
```

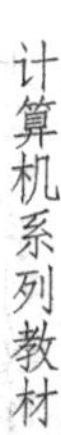

```
        cout<<"长方形的宽为:"<<b<<endl;
        area=a*b;
        cout<<"面积为:"<<area<<endl;
        break;
    default:
        cout<<"不是合法的输入值!"<<endl;
    }
    }
```

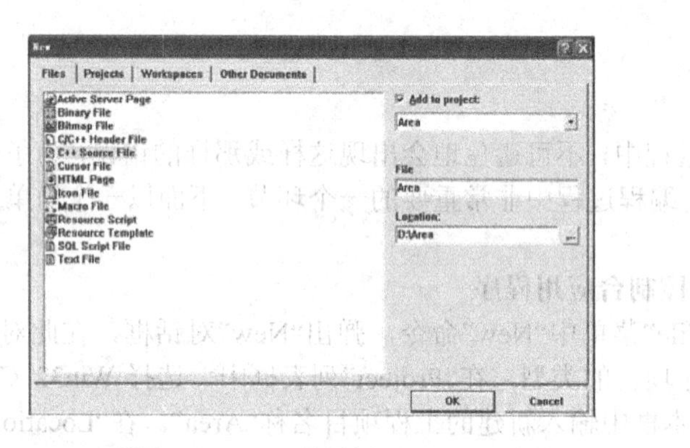

附图 38　New 对话框

2．修正语法错误

有些错误在编译链接阶段可由编译系统发现并指出，称为语法错误。如数据类型或参数类型及个数不匹配，标识符未定义或不合法等，这些错误在程序编译后，会在 Output 窗口中列出所有的错误项及有关错误的信息。对 area.cpp 文件进行编译，在输出窗口中出现了如附图 39 所示的错误信息，“area.exe - 1 error(s), 0 warning(s)”，其含义是：radiu 是一个未定义的标识符，错误发生在第 14 行。在 Output 窗口中双击错误项或将光标移到该错误提示处按“Enter”键，光标很快就跳到错误产生的源代码位置，同时在状态栏上也显示出错内容；也可以在某个错误项上，单击鼠标右键，在弹出的快捷菜单中选择“Go To/Error/Tag”命令。如要显示下一行错误的源代码按“F4”即可。找到 radiu 变量声明处，发现 radiu 变量后差一个字母 s，将 radiu 加上 s,重新编译链接生成可执行文件。

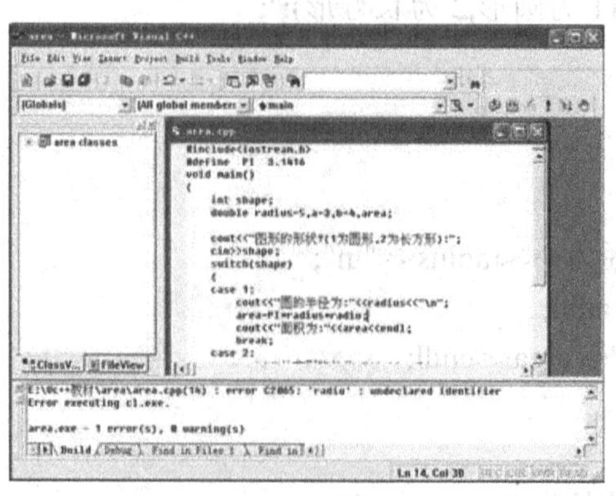

附图 39　编译错误

当修改完语法错误生成可执行程序后，在 Output 窗口出现类似“ area.exe - 0 error(s), 0 warning(s)”字样，表示程序编译没有错误，这并不意味着程序运行没有错误，有时发现程序运行结果与预期的结果不一致，有时甚至在运行时出现中止或死机，这些错误在编译时是不会显示出来的，只有在运行后才会出现，这种错误称为运行时错误。

3. 设置断点

VC++6.0 提供了调试工具，对程序运行过程中发生错误，设置断点分步查找和分析。断点实际上是程序运行时的暂停点，程序运行到断点处便暂停，以便查看程序的执行流程和有关变量的值。其断点分为：位置断点和逻辑条件断点。

（1）位置断点

位置断点指示程序运行中断的代码行号。设置断点基本的方法如下：

① 把光标移到需要设置断点的位置，按快捷键“F9”。

在需要设置断点的位置，单击鼠标右键，在弹出的快捷菜单中选择“Insert/Remove Breakpoint”命令。

② 在 Build 工具栏上单击按钮。

在编辑窗口左侧即该行左边出现一个红色的圆点，表示已经在这一语句行设置了断点，如附图 40 所示。

```
area.cpp
#include<iostream.h>
#define  PI  3.1416
void main()
{
    int shape;
    double radius=5,a=3,b=4,area;

    cout<<"图形的形状?(1为圆形,2为长方形):";
●   cin>>shape;
    switch(shape)
    {
    case 1:
        cout<<"圆的半径为:"<<radius<<"\n";
        area=PI*radius*radius;
        cout<<"面积为:"<<area<<endl;
        break;
    case 2:
        cout<<"长方形的长为:"<<a<<endl;
        cout<<"长为形的宽为:"<<b<<endl;
```

附图 40　设置断点

需要说明：若在断点所在的代码行中使用上述的快捷方式操作，则相应的位置断点被清除。若此时使用快捷方式进行操作时，选择“Disable Breakpoints”命令，该断点被禁用，相应的断点标志由原来的红色的实心圆变成空心圆。

（2）条件断点

在调试程序过程中，若需要满足一定条件停下来，就需要设置条件断点。将光标移到某行，选择“Edit”菜单中的“Breakpoints...”命令(或按快捷键“Alt+F9”)，弹出如附图 41 所示的 Breakpoints 对话框，它包含三个页面：Location、Data 和 Messages，下面分别加以介绍。

① Location 页面（位置断点）。在符合某一逻辑条件具体位置设置断点，在Break at 编辑框中输入断点名称（如代码行号或某函数名称等），或者单击“Break at”文本框右边的小三角形按钮，在弹出的快捷菜单中选择“Line 14”,将 14 行设置为断点，单击“Condition”按钮，弹出如附图 42 所示的 Breakpoint Condition 对话框，输入程序运行中断所需要的条件表达式，注意，逻辑表达式是在断点语句中出现的变量的值，如：在 area=PI*radius*radius;语句处设置断点，可在断点条件对话框的第 1 个文本框中输入 area>50，程序运行，当条件满足时，断点才生效。在第 2 个对话框中输入观察数组元素的个数，在第 3 个对话框中输入程序在断点中止之前忽略次数。单击“OK”按钮，就设置了一个条件断点。

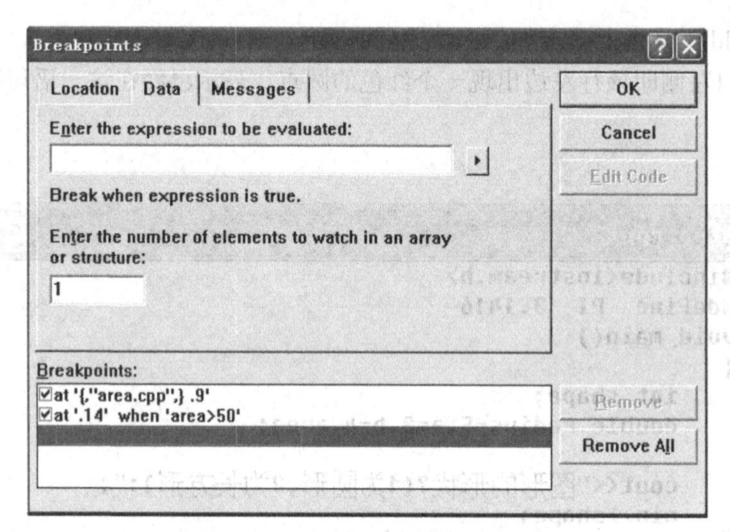

附图 41　Breakpoints 对话框 Data 页面

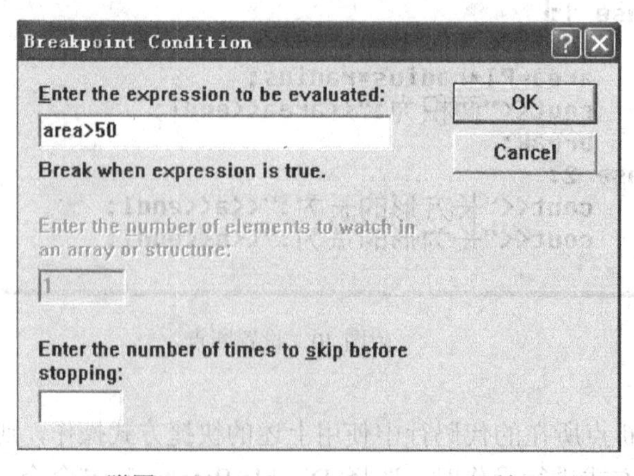

附图 42　Breakpoint Condition 对话框

② Data 页面（数据断点）。在条件表达式的值发生变化或为真时，程序在该断点处中断执行。还可以单击编辑框右侧的三角形按钮的 Advanced…对话框进行更为详细的设置，如附图 41 所示 Breakpoints 对话框。

③ Messages (消息断点)。设置与 Windows 消息有关的断点，在特定行为发生时中断程序执行。在 Break at WndProc 中输入 Windows 函数名，在 Set one breakpoint for each message to watch 中输入对应的消息，在窗口接收到此消息时中止程序的执行，如附图 43 所示。

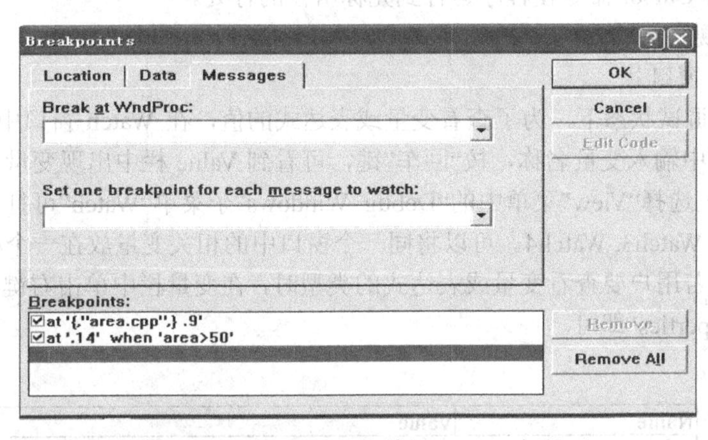

附图 43 Breakpoints 对话框 Messages 标签页

4. 启动调试器（Debug）

除了使用断点外，还可以使用 Debug 菜单上的 Break 选项随时中断程序执行。

为了控制程序运行，可以启动 Debug(调试器) 如附图 44 所示。启动方法是选择“Build”菜单中“Start Debug”子菜单的“Go”或按下快捷键“F5”。原来的“Build”菜单就变成“Debug”菜单如附图 45 所示。有一个小箭头指向即将执行的程序代码，单步执行的命令有四个：Step Over、Step Into、Step Out 和 Run to Cursor 命令。

附图 44 Debug 调试器

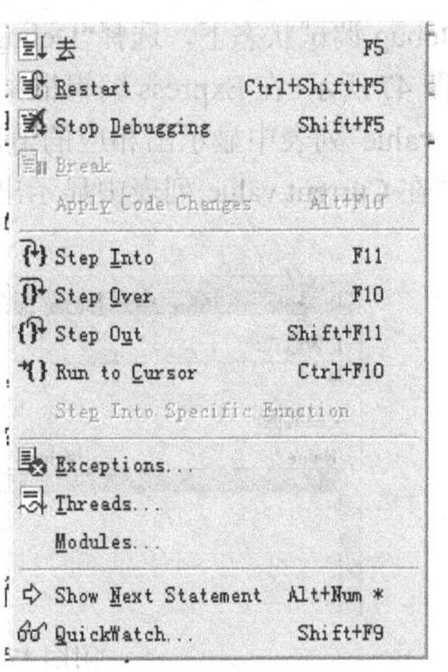

附图 45 Debug 菜单

（1）Step Over 命令是执行当前箭头指向代码的下一条代码，不进入函数体，而是执行函数体内的所有代码，并继续单步执行函数调用后的第一条语句。

（2）Step Into 命令如果当前箭头指向的代码是一个函数的调用，则进入该函数体进行单步执行。

（3）Setup Out 命令如果当前箭头指向的代码是一个函数的调用，不进入函数体内，而是直接执行下一行代码。

（4）Run to Cursor 命令使程序运行到光标所在的行处。

5. 调试器观察窗口

（1）Witch 窗口

在 Debug 调试状态下，为了查看变量或表达式的值，在 Watch 窗口中，如附图 46 所示，在 Name 栏中输入变量名称，按“回车”键，可看到 Value 栏中出现变量值，如果没有看到 Watch 窗口，选择“View”菜单中的“Debug Windows”子菜单“Watch”可打开，有四个标签 Watch1, Watch2, Watch3, Watch4。可以将同一个窗口中的相关变量放在一个标签页中，以便监视窗口变量。若用户要查看变量或表达式的类型时，在变量栏中单击右键，从弹出的快捷菜单中选择“Properties”即可。

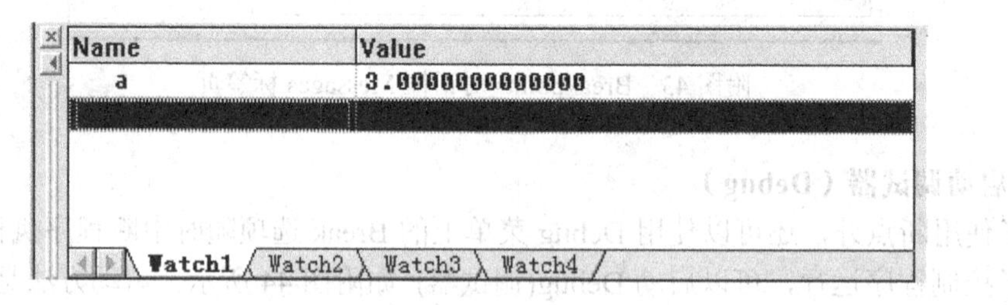

附图 46　Watch 窗口

（2）QuickWatch 窗口

QuickWatch 窗口用于快速查看及修改变量和表达式的值或将变量和表达式添加到观察窗口。在 Debug 调试状态下，选择“Debug”菜单中的子菜单“QuickWatch”，弹出 QuickWatch 窗口，如附图 47 所示。在 Express 编辑框中输入变量名或表达式，按 Enter 或单击“Recalculate”在 Current value 列表中显示出相应的值，如果要添加一个新的变量或表达式的值，则单击“AddWatch”在 Current value 列表中显示出相应的值。

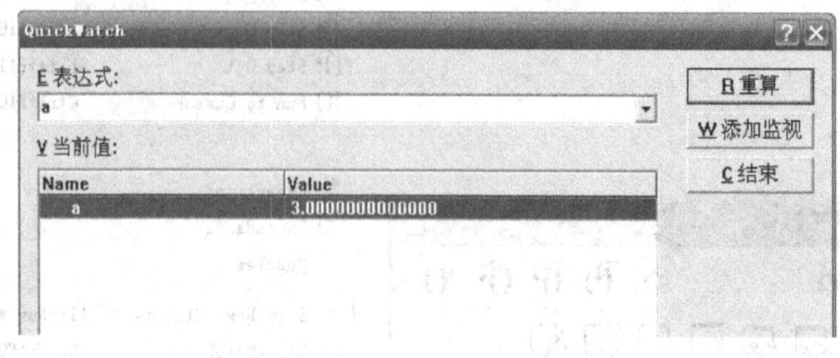

附图 47　QuickWatch 窗口

（3）Variables 窗口

在 Debug 调试状态下，Variables 窗口快速显示当前函数中的变量，如果没有看到 Variables 窗口，选择“View”菜单中的“Debug Windows”子菜单“Variables”可打开，有三个标签页：Auto(自动)、Locals（局部）、this（当前），如附图 48 所示。

Name	Value
a	-9.2559631349318e+061
area	-9.2559631349318e+061

Context: main()　标签页：Auto　Locals　this

附图 48　Variables 窗口

Auto 标签页显示当前行或前一行语句中所使用的变量。当跳出或执行该函数时，还返回该函数的返回值。

Locals 标签页显示当前函数中的局部变量。

This 标签页显示由 This 指针所指向的对象。

可使用 Variables 窗口中的 Context 框查看变量的范围，在 Variables 窗口中查看和修改变量数值的方法与 Watch 窗口相类似。

（4）Registers(寄存器)窗口

在 Debug 调试状态下，Registers 窗口显示寄存器中当前值,如附图 49 所示。

```
Registers
EAX = CCCCCCCC EBX = 7FFD7000
ECX = 00000000 EDX = 00440DE0
ESI = 00000000 EDI = 0012FF80
EIP = 00401068 ESP = 0012FF0C
EBP = 0012FF80 EFL = 00000216 CS = 001B
DS = 0023 ES = 0023 SS = 0023 FS = 003B
GS = 0000 OV=0 UP=0 EI=1 PL=0 ZR=0 AC=1
PE=1 CY=0
ST0 = +0.000000000000000000e+0000
```

附图 49　Register 窗口

（5）Memory(内存)窗口

用来查看所调试内存中内容的窗口，如附图 50 所示。

```
Memory
地址: 0x00000000
00000000 ?? ?? ?? ?? ?? ?? ?? ???????
00000007 ?? ?? ?? ?? ?? ?? ?? ???????
0000000E ?? ?? ?? ?? ?? ?? ?? ???????
00000015 ?? ?? ?? ?? ?? ?? ?? ???????
0000001C ?? ?? ?? ?? ?? ?? ?? ???????
00000023 ?? ?? ?? ?? ?? ?? ?? ???????
0000002A ?? ?? ?? ?? ?? ?? ?? ???????
```

附图 50　Memory 窗口

（6）Call Stack(调用堆栈)窗口

显示查看调用堆栈的窗口，如附图 51 所示。

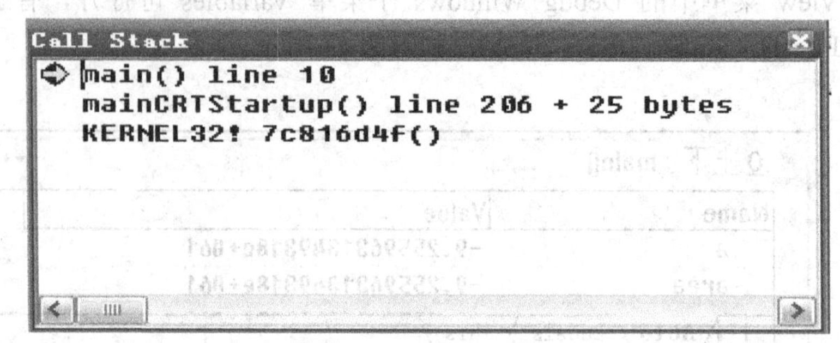

附图 51　Call Stack 窗口

（7）Disassembly（反汇编）窗口

Disassembly 显示汇编语言的代码，如附图 52 所示。

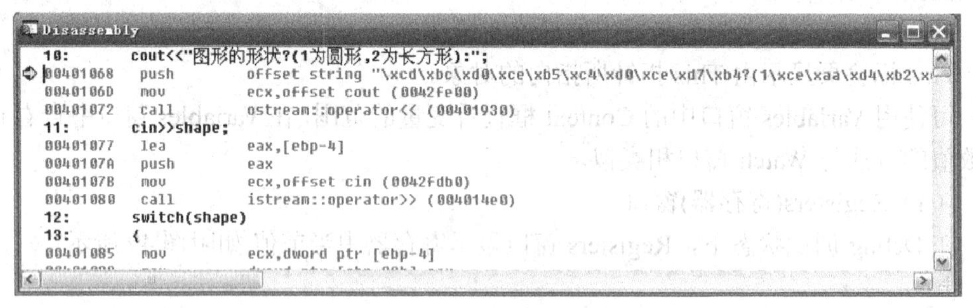

附图 52　Disassembly 窗口

参考文献

[1] 常玉龙，葛本年．Turbo C 2.0 大全[M]．北京:北京航空航天大学出版社，1996

[2] 谭浩强．C 语言程序设计[M]．北京:清华大学出版社，2000.

[3] 廖雷．C 语言程序设计[M]．北京:高等教育出版社，2000.

[4] 杨路明．C 语言程序设计教程[M].北京：北京邮电大学出版社，2005.

[5] 荣政等．C 语言程序设计[M]．西安:西安电子科技大学出版社，2006.

[6] 郑军红．C 语言程序设计教程[M]．武汉:武汉大学出版社，2004.

[7] 郑军红．C 程序设计[M]．武汉:武汉大学出版社，2005.

[8] 郑军红．C 语言程序设计实验教程[M].武汉：武汉大学出版社，2004.

[9] 郑军红．C 程序设计上机指导与练习[M].武汉：武汉大学出版社，2005.

[10] 郑军红．Visual C++面向对象程序设计教程[M].武汉：武汉大学出版社，2007.

[11] 彭玉华．Visual C++面向对象程序设计实验教程[M].武汉：武汉大学出版社，2007.